上海大学出版社

2005年上海大学博士学位论文 32

U0358911

复杂产品开发过程
规划及其支撑技术研究

- 作者：曹守启
- 专业：机械设计及理论
- 导师：方明伦　陈　云

Shanghai University Doctoral
Dissertation (2005)

Research on Development Process Planning and Support Technology for Complicated Product

Ph. D. Candidate: Cao Shouqi
Supervisor: Fang Minglun, Chen Yun
Major: Machinery Design and Theory

Shanghai University Press
• **Shanghai** •

摘　要

　　制造业全球化、市场竞争激烈化,促进了企业间竞争与合作新格局的形成。现代信息技术与管理技术的结合以及在制造业研究领域中的广泛应用,使企业之间跨地区、跨行业的协作成为可能,为分布式制造环境下企业知识、资源、信息和过程的高度共享和重用提供了有力的支持,在提高企业综合竞争力并促进制造业发展的同时也规范了企业间既竞争又合作的自身行为。

　　复杂产品作为一个系统产业在国民经济中占有了极其重要的地位,复杂产品在其设计和制造过程中表现出来的创新性强、风险高、资本投入大、开发周期长、过程复杂等特点,以及人们对其成功研制所寄予的厚望和期待,要求产品开发在全球范围内寻求合作资源。通过建立新型的协作关系,使产品数据的最终形成不再是一个企业内部活动的结果或者孤立的过程,而是多个企业协作的结果;并在获取产品数据的过程中对过程管理提出了更高的要求,促使开发人员从对传统设计过程中如何获取产品数据的关注,发展到对产品开发全过程意义上规划和优化的关注:通过广泛共享企业信息,充分发挥资源协作优势,以期获得质量最优、效益最好的产品数据。本文以科技部重大攻关项目"100 nm 分辨率 ArF 准分子激光步进扫描投影光刻机"的研制和上海市浦东新区科委"微电子装备业信息化应用集成平台项目"建设为应用和研究背景,研究在复杂产品开发过程管理中所面临的问题,提出从宏观和微观两个阶段研究并规划产品开发过程;在深入研究过程规划实现原理、支撑技术与决策机制;在此基础上,构建支持复杂产品开发与过程规划技术及功能的网络化集成开发平台环境。论文主要工作包括:

首先,研究复杂产品开发过程规划基本原理,建立过程规划系统体系结构。通过对影响产品开发过程的产品、过程和资源三个关键要素在时间和空间上的相互作用及影响的分析和描述,定义复杂产品开发过程并建立了面向过程规划的复杂产品开发过程模型;把复杂产品开发过程规划表达为以任务过程建模为核心的宏观过程规划和以活动过程建模与优化为核心的微观过程设计两个阶段。宏观和微观两个过程相互作用,支持自顶向下的任务分解过程和自底向上的活动组织过程。基于宏观和微观两个过程的分析,研究自组织/被组织方法论对过程规划的理论支持,以及过程规划实现的相关支撑技术、原理和方法,综合并全面分析了过程设计和规划中最优决策问题的类型、特征和决策机制。

突破传统产品开发模式中项目管理技术研究的范畴,研究产品开发宏观过程规划原理和方法。基于粗粒度的任务分解原理和过程语义网络双向约束的过程设计原则,提出协同环境下任务分解方法并设计任务过程;基于任务分解基础,论述面向过程的资源配置原理及其数学描述;基于博弈理论、超越追求盟主企业单方受益的传统模式,提出多目标相对稳定情况下包括合作伙伴在内的多客户群博弈方法,寻求资源环境建设中双方或多方共赢的均衡解。以此为基础,建立复杂产品开发组织机构。宏观过程规划从资源、技术特别是在过程有序方面为产品开发建立了基础并做了必要的准备。

在前导型宏观过程规划的基础上,建立基于活动过程的微观过程规划技术,提出通过"分层定位约束模型法"分析产品开发过程中的约束类型及其规划方法,赋予约束层次性、阶段性并与过程描述相结合;通过任务目标下活动及其过程的分割与聚合,研究最优活动路线组织方法,给出了面向任务目标与活动过程、基于 Agent 技术的资源优化调度方法。

研究并设计支持复杂产品开发的网络化平台 NCPDP,分析平台构成的四层组成架构、主要支撑工具及其实现的功能;详细阐述了 NCPDP 中基于过程链的过程控制机制;预期过程规划下产品数据的形成轨迹,给出可接受过程规划质量的评判依据。运用面向对象技术与 Web 技术相结合的方法进行平台软件实现,高度集成可视化任务流程建模、项目过程管理、活动建模、工作流管理、过程监测等软件系统或工具,为协同参与产品开发的组织和个人提供高效的协同开发环境。

最后,以高精度光刻机产品研发为应用背景,通过实例对文中所述过程规划技术、理论和方法进行验证,表明了 NCPDP 在支持复杂产品开发过程中的有效作用。

关键词:复杂产品,网络化制造,过程规划,产品开发,宏观过程,微观过程,过程优化,网络

Abstract

It is manufacture globalization and market competition intensification that accelerates the competition and cooperation among enterprises. The combination of modern information technology and management technology and their application in the field of manufacture make the interlocal and cross-frontier collaboration among enterprises possible, which provides powerful support for the share and reusage of knowledge, resource, information and process under the environment of distributional manufacture. It increases the competitive capacity of enterprise and promotes the development of manufacturing, at the same time, norms the enterprise activity of both competition and cooperation.

Complicated product system industry has extremely important position in the national economy. The specially characterist of complicated product during the process of design and manufacture, such as innovative nature, high risk, high capital plunge, long period and complicated process, etc, require looking for cooperation resources in the world in the process of product development. By building new model cooperation relation, the final formation of product is not the result inside enterprise activities or one isolated process, but the result of multi-enterprise cooperation; It brings up higher request to process management in the process of getting product data, which urges developer to pay more attention to planning and optimization of whole process for product development than getting product data in the process of traditional design. We hope to acquire product data with best quantity and best benefit by sharing enterprise information widely and developing resource cooperation prevalence adequately. This dissertation took the crucial project of Technology Department "*ArF* quasimolecule photoetching machine of laser and stepping, in scanning with $100\,nm$ resolution ratio" and the project "application integration platform of micro-electron equip informationalization" of Science and Technology Committee of Shanghai new Pudong district as application and research background, researched the problem faced in the development process and management of complicated product, brought up to research and plan product development process from macroscopic and microcosmic phases, researched deeply into realization principle, support technology and decision-making mechanism of process planning, and constructed the integrated development environment for complicated product development and process planning. The main contents of the dissertation include:

At first, researched the basic principle of process planning for complicated product and build the architecture of process planning system. By analyzing and describing interaction and interplay among three key factors, such as product, process and resource which affected product development process, the development process of complicated product was defined and its process model facing to process planning was built up. The development process planning of complicated product was expressed as two phases: one is macroscopic process planning whose kernel is task process modeling; the other is microcosmic process design whose kernel is activity process modeling and optimization. The two process with interaction supported task decomposition process of top-down and activity organization process of bottom-up. Based on the analysis to macroscopic process and microcosmic process, this dissertation researched self-organizing and organized methodology which supported process planning and relevant support technology, theory and method, and synthesized and analyzed overall the type, characteristic and decision-making mechanism of optimization decision-making issue in the process design and planning.

This dissertation broken through research category of project management technology in traditional product development model, and planned product macroscopic process which departed from preparing process and building development environment. It followed task decomposition principle based on coarse grain and design principle of bidirectional constraint about process semantic network, researched task decomposition method and task process design in cooperation environment; on the basis of task decomposition, this dissertation disserted resource allocation principle facing to process and its mathematics description;

based on maximin, it researched group gaming method with multiple customer including cooperation partner in the condition of multi-objective and relative stabilization, which overpass traditional mode of only leader of alliance enterprise benefit, and looked for balance solution of both sides or many sides together win and not best optimization solution. This dissertation built up the development organization of complicated product based on this. The macroscopic process planning established basis for product development and made necessary preparation from the way of resource, technology, especially process ordered.

On the basis of macroscopic process planning, this dissertation researched microcosmic process planning technology based on activity process optimization, brought up to analyze constraint type and its planning method by establishing stratify location constraint model, and combined the process description and constraint with gradation and stage; by splitting and getting together the activities and processes of task objective, this dissertation researched organization method of optimization activity route, and gave the resource optimization dispatch method based on Agent technology which faced to task objective and activity process.

This dissertation researched and designed the network platform NCPDP which supported the complicated product development, and analyzed the four layer of organization configuration of the platform, the main support tools and their integration strategy, position, action in the system;

exhausted in detail the process control mechanism based on process chain in NCPDP and the formation trail of product data in the expected process planning, and gave the adjudicate reliance of acceptive process planning quantity. This dissertation made use of the method combined object-oriented technology and web technology to realize software platform, integrated highly the software systems and tools, such as task process modeling of visualization, project management, activity modeling, workflow management and process monitoring, and provided efficient cooperation development environment for organization and individual who took part in product development.

Finally, this dissertation took product research and development of high-precision photoetching machine as application background, verified the technology, theory and method of above process planning by sample, and showed the effectivity of NCPDP in the development process of complicated product.

Key words: Complicated Product, Networked-Manufacturing, Process Planning, Product Development, Macroscopic Process, Microcosmic Process, Process Optimization, Network

目　录

第1章　绪论 ………………………………………………… 1

1.1　研究背景 ……………………………………………… 1

  1.1.1　现代制造技术的发展及其面临的挑战 ………… 2

  1.1.2　网络化制造技术的出现和发展 ………………… 4

  1.1.3　网络化制造环境下的复杂产品开发 …………… 6

1.2　国内外研究现状 ……………………………………… 9

  1.2.1　围绕复杂产品开发过程国内外的研究热点 …… 9

  1.2.2　过程规划技术研究的现状及存在的问题 …… 13

  1.2.3　过程规划技术研究的发展趋势 ……………… 18

  1.2.4　课题来源及其研究意义 ……………………… 20

1.3　本文的主要研究内容及论文结构 ………………… 23

  1.3.1　主要研究内容 ………………………………… 23

  1.3.2　论文的结构安排 ……………………………… 23

1.4　本章小结 …………………………………………… 25

第2章　复杂产品开发过程规划技术研究的基本原理 ……… 26

2.1　引言 ………………………………………………… 26

2.2　复杂产品开发过程的分析与过程定义 …………… 27

  2.2.1　产品开发模式的演变及其对开发过程的影响

    ………………………………………………… 27

  2.2.2　复杂产品开发过程的分析与过程定义 ……… 29

2.3　面向过程规划的复杂产品开发过程建模机理 ……… 34

  2.3.1　面向过程规划的复杂产品开发过程模型 …… 34

　　2.3.2　面向过程规划的复杂产品开发过程模型分析
　　　　　　　　　　　　　　　　　　　　　　　　38

　2.4　复杂产品开发过程规划实现的支撑理论与技术 ……… 52
　　2.4.1　自组织/被组织方法论对过程规划的理论支持
　　　　　　　　　　　　　　　　　　　　　　　　52

　　2.4.2　过程优化设计中的决策分类与决策技术 ……… 54
　　2.4.3　基于 Multi-Agent 的协同管理与决策技术研究
　　　　　　　　　　　　　　　　　　　　　　　　59

　　2.4.4　Web 服务及其相关技术 ……………………… 60
　2.5　本章小结 ………………………………………… 62

第 3 章　面向复杂产品开发的宏观过程规划技术研究 ……… 63
　3.1　引言 ……………………………………………… 63
　3.2　宏观过程规划的作用对象与管理空间 …………… 64
　3.3　支持宏观过程规划的决策原理 …………………… 66
　　3.3.1　企业间的竞争与合作 ……………………… 66
　　3.3.2　多目标的折衷平衡方法 …………………… 69
　　3.3.3　基于博弈论的决策原理 …………………… 71
　3.4　面向复杂产品开发的宏观过程规划 ……………… 73
　　3.4.1　面向宏观过程规划的任务分解 …………… 73
　　3.4.2　建立在粗粒度任务分解基础上的任务过程设计
　　　　　　　　　　　　　　　　　　　　　　　　82

　　3.4.3　面向任务及其过程的资源配置原理与实现技术
　　　　　　　　　　　　　　　　　　　　　　　　91

　　3.4.4　基于博弈论的合作伙伴选择与产品开发组织的
　　　　　　建立 ………………………………………… 93
　3.5　本章小结 ………………………………………… 103

第4章 面向复杂产品开发的微观过程规划技术研究 ……… 104

4.1 引言 ……… 104

4.2 从任务空间到活动空间的映射 ……… 104

4.3 面向复杂产品开发的微观过程设计原理 ……… 108

4.3.1 微观过程设计遵循的基本原则 ……… 108

4.3.2 微观过程规划中的协同与微循环开发过程 ……… 108

4.3.3 影响产品开发微观过程的相关因素与约束 ……… 110

4.4 面向过程优化的微观活动路线设计 ……… 116

4.4.1 微观过程中产品开发活动路线优化设计 ……… 117

4.4.2 基于Agent技术的资源管理与优化调度 ……… 124

4.5 本章小结 ……… 135

第5章 复杂产品开发过程规划技术实现的支撑工具 ……… 136

5.1 引言 ……… 136

5.2 支持复杂产品开发过程规划的网络化平台 ……… 136

5.2.1 NCPDP的逻辑组成结构 ……… 136

5.2.2 NCPDP的集成策略研究 ……… 139

5.3 NCPDP实现的主要支撑工具 ……… 141

5.3.1 过程规划工具 ……… 141

5.3.2 过程仿真工具 ……… 144

5.3.3 过程管理工具 ……… 148

5.3.4 面向过程规划技术的过程控制策略研究 ……… 154

5.4 本章小结 ……… 162

第6章 应用实例与分析 ……… 163

6.1 引言 ……… 163

6.2 过程规划实现与产品开发实例——高精度激光雕刻机
用工件台掩模台 ……………………………………… 163
6.2.1 工件台掩模台的研发需求及其组成结构 …… 164
6.2.2 工件台掩模台开发过程设计与信息组织中的
场景描述 ……………………………………… 165
6.3 本章小结 ……………………………………………… 179

第7章 总结与展望 ………………………………………… 180
7.1 全文总结 ……………………………………………… 180
7.2 论文创新点 …………………………………………… 182
7.3 展望 …………………………………………………… 183
7.4 本章小结 ……………………………………………… 184

参考文献 ………………………………………………………… 185
图表清单 ………………………………………………………… 200
博士学习期间公开发表的论文 ………………………………… 202
博士学习期间参与完成的主要科研项目 ……………………… 204
致谢 ……………………………………………………………… 205

第1章 绪 论

1.1 研究背景

  制造业是国民经济的基础产业,其发达程度体现了一个国家的科学技术和社会生产力发展水平。21世纪,随着世界经济的快速发展和人们生活水平的不断提高,市场环境发生了巨大的变化,消费者需求日趋主体化、个性化和多样化,制造厂商面对一个变化迅速且无法预测的买方市场,传统的大批量的生产模式不再适应新的市场形势需要。为了在激烈的市场竞争中占有一席之地,企业必须持续不断的开发新产品,提高产品质量和生产效率,降低生产成本,改善产品服务,快速、高效地响应日趋国际化、动态化和客户需求驱动的市场[1][2]。

  回顾20世纪80年代,人们已经将小品种、大批量生产模式的优点发挥到了极限;同时,这种生产模式同市场需求变化间的矛盾愈来愈明显,逐渐成为阻碍制造业发展的重要因素。在市场需求推动和现代技术进步与发展的支持下,美国、日本、加拿大、澳大利亚等国先后提出新模式的制造战略和研究开发计划,如并行工程、敏捷制造、虚拟制造、快速原型制造等,这些新概念和新技术的出现引起了世界各国政府和研究机构的高度重视并得到了企业的快速响应。伴随着信息技术和计算机网络技术的发展,制造业正经历着一场全新的变革:产品设计和制造的分散化、合作伙伴和设备供应的国际化,制造业跨部门、跨行业的协作;制造资源、应用服务跨地区协调、共享、优化和使用;企业经营制胜的关键越来越强调协作过程中的响应速度和服务质量。企业在提高自身核心竞争力的同时,越来越重视充分利用公共的 Internet 资源及信息技术的支持,在全球范围内寻求资源的最佳组合,通过对企业开发过程的高效管理,以较少的资金、人力等资源投入实现高利润回报,从而为企业自身发展服务,提高了企业综合竞争能力[3]。

1.1.1 现代制造技术的发展及其面临的挑战

1.1.1.1 现代制造技术的发展

信息技术和网络技术的发展,特别是以 Internet 技术为代表的 IT 技术的飞速发展,促进了经济的全球化和市场的国际化,同行业和跨行业的竞争日趋激烈。制造业中新思想、新技术的不断涌现,使现代制造业和现代制造技术向着以下方向发展:

1)市场的多样化和个性化。技术革命带来了生产方式和生活方式的变革,表现为市场环境的多样化、分散化和个性化,产品的内涵从单一的满足用户需求发展到为用户提供全方位的解决方案。

2)产业高技术化。制造业日益向智能化、网络化、虚拟化、敏捷化、清洁化和集成化等方向发展。

3)制造业的集群化、区域化发展。全球经济环境中,企业获得竞争优势,仅靠本国、本区域的力量是不够的,需要扎根于全球的中小企业群。集群化、区域化发展是现代制造业提升国际竞争力的重要手段。

4)越来越重视对用户的服务。现代制造所关注的不只是产品本身的设计和制造,而应包括从市场调研开始到售后服务乃至产品报废回收的整个过程,全方位为用户服务。

5)制造业的可持续性与协调发展。制造过程及其所提供的产品力求全生命周期无污染、资源低耗及可回收、可重用的特征,要求充分考虑社会、环境、资源等的和谐发展。

6)全球范围内的产业调整和转移,并且规模不断增大。随着经济全球化趋势的强劲发展以及发达国家劳动力成本的不断上涨,发展中国家利用自己廉价劳动力优势,接纳发达国家转移来的大量传统产业,在带动区域经济发展的同时,促使制造业更加向专业化、规模化方向发展[4]。

1.1.1.2 现代制造技术发展面临新的挑战

市场竞争的激烈化和产品的个性化需求,产品功能结构和研制过程变得日趋复杂,跨行业、跨学科的产品设计和制造,使企业的经营范围、组织结构发生了深刻的变化。一方面,企业面向全球开展其业务;另一方面,要求建立以开发过程和项目管理为主线、以团队工作为主要方式的新型组织模式。企业之间从传统的单纯的竞争关系,变成竞争与合作共存的关系,企业间利益共享、风险共担。新的制造模式为制造业的发展带来了深刻的变革、影响以及前所未有的机遇,与此同时,也带来了新的挑战,表现在:

1) 生产经营中心的转变。市场竞争的激烈,促使企业生产经营从传统的以生产力和产品为中心转变到以客户为中心。企业不仅需要推出新产品,更为重要的是要按用户需求来设计、制造和维护。

2) 产品性能与设计指标的多样性。用户对大型复杂产品的需求不仅表现为一些功能和性能指标要求,而且还要求一定的可靠性、维修性、安全性、模块化、标准化以及在环境、寿命、成本等方面的要求。这些要求并不总是相容的,甚至可能是矛盾的。同时,由于用户对需求的不确定性和易变性,很大程度上增加了设计过程的复杂性。

3) 产品组成结构更加复杂,接口繁多,系统难以集成和测试。为了完整地完成用户对系统的全部设计要求,制造系统的组成在结构上包含大量的组成成分,包括硬件、软件和操作手,带来了大量的系统接口数量。产品的复杂与过程的复杂导致了系统集成与测试的困难,增加了开发过程的某种不确定性和潜在的风险。

4) 组织跨学科的工程队伍的困难。产品开发过程,特别是结构复杂产品的开发过程,离不开多领域工程技术学科的支持。多学科工程队伍工作效率的高低,除了合理的分工和组织,还要求各领域专家的跨学科协作。开发过程中,如果缺乏有效和全局的组织和过程管理,领域专家往往把许多全局性问题给予领域内的解释或处理,这无疑将使工程过程失去应有的完整性和有序性,最终导致工程失败。

5) 过程实现所需的环境支持缺乏或不足。复杂过程系统本身的固有特性,使任何经验丰富的设计人员都无法依靠自己的感观来了解过程的全局,而必须求助于环境的支持,包括:计算机辅助分析与设计系统、仿真系统、辅助测试系统等。

6) 产品设计与生产管理模式上的创新要求。伴随着向以用户为中心的生产经营管理策略的转变,企业对产品开发过程的管理向着产品全生命周期集成化管理方向迈进,强调用户从一开始就介入产品研发过程,要求企业对产品整个开发过程状态进行监控。

7) 全球范围内面向市场的资源整合。网络化经济使制造业环境发生了巨大的变化,制造资源不仅持续性地影响了设计和制造的全过程,而且资源的竞争已成为全球范围内的竞争,扩展到世界的每一个角落。如何根据市场需求,快速、高效地选择制造资源,动态服务于产品开发过程,在协同与共享的基础上获得整体目标最优,实现资源提供者与消费者双方共赢,是一个亟待解决的问题。

面对市场的竞争以及制造业的发展所带来的机遇和挑战,先进的制造模式和制造技术日益受到企业重视,通过不断吸收机械、电子、信息、材料、能源、现代管理等领域的先进研究成果,并综合应用于制造的全过程,以实现优质、高效、低消耗、清洁、灵活的生产。新技术的引入和制造环境的变化,特别是网络化制造技术和系统的出现和发展,满足了企业开展市场竞争的核心需求,带动现代制造业发生了质的变化[5]。

1.1.2 网络化制造技术的出现和发展

华中科技大学杨叔子院士指出[6]:面对网络经济时代制造环境的变化,传统的组织结构相对固定、制造资源相对集中、以区域经济环境为主导、以面向产品为特征的制造模式已与之不相适应,需要建立一种市场驱动的、具有快速响应机制的网络化制造模式,这将是当今乃至今后若干长的时期内制造业所面临的最紧迫的任务之一,是制造业摆脱困境,赢得市场,掌握竞争主动权的关键;提出了"基于 Agent 的网络化制造模式"和"分布式网络化制造系统"。重庆大学的刘飞教授在文献[7]中,对网络化制造给出了相对完整的定义:网络化制造是指基于网络的制造企业的各种制造活动(包括市场运作、产品设计与开发、物料资源组织、生产加工过程、产品运输与销售、售后服务等)及其涉及的制造技术和制造系统。国外,与网络化制造相关的提法主要有:networked manufacturing、e -manufactruing、e - factory 等。其中 e-manufactruing 成为当前国外研究热点,网络化制造可以看成是 e-manufactruing 的一种主要的实现技术和系统。

网络化制造技术的出现和发展源于一系列与网络化制造相关的研究项目,最早起源于 1985 年美国军方提出的 CALS(Computer Aided Logistics System,计算机辅助后勤系统)。随着 Internet 技术的迅速发展,CALS 的优越性和巨大作用受到了制造业界的关注。美国波音公司、日本富士通等世界知名公司都不同程度的实施了 CALS 战略,并进行了相关研究和实践。1997 年,美国国际制造企业研究所发表了《俄罗斯—美国虚拟企业网(Russian-American Virtual Enterprise Network,RA-VEN)》研究报告,该报告源于美国国家科学基金研究项目,通过作为全球制造基础框架的一部分的美俄虚拟企业的建立与发展,为实现更加广泛的全球制造起到示范作用。在国内,中国—欧盟科技合作项目 DRAGON,通过开发基于 Internet 的交互式工程系统,支持位于不同地理位置、具有不同文化背景的企业实现网络化制造的全过程。

实现网络化制造,除了相关理论和方法指导,还需要不同的技术支持,即:使能技术的支持。目前,国内外对网络化制造使能技术的研究,包括:基于 WEB 的协同设计和制造、零件库的建立、供应链管理、电子商务、集成技术等。典型的应用案例,如:2001 年 10 月 1 日,GE Fanuc 公司与 Datasweep 公司结成联盟,共同开发从车间加工设备到全球供应链的 e 制造系统;GE Global Research 正将一些先进技术集成起来,形成一个协同的工作环境,实现了网上采购系统

TPNPost；研究并建立远程检测和诊断系统 RM&D,已经广泛应用在医学成像、机车、商用飞机和电力设备等[8]。网络化制造技术在企业管理解决方案中,最有影响的是美国 EDS 公司推出的 TeamCenter™ 协同产品管理系列解决方案,以及美国 PTC 公司推出的产品协同商务(Collaborative Product Commerce,CPC)-Windchill 软件系统。

EDS 公司推出 Teamcenter 统一的 CPC 平台,为企业提供产品全生命周期的 Web-Native 协同架构。Teamcenter 系列产品包括：Teamcenter Overview、Teamcenter Project、Teamcenter Enterprise、Teamcenter Visualization、Teamcenter Manufacturing 等八大解决方案,支持从需求分析、项目管理、产品数据管理、工程协同、可视化、加工制造和服务等产品全生命周期的管理,为新产品的快速设计、开发和管理提供有力的环境支持[9][10]。从 2001 年起,EDSPLM* 在国际同行软件销售市场份额中持续排名第一[11]。

Windchill 是基于 Java 和面向对象技术开发的一套 CPC 解决方案,与产品开发过程协同工作有关的模块：① Foundation,这是 Windchill 的基础框架模块,使用标准的构件技术如 Web 浏览器、Web 服务器、搜索引擎和数据库管理器等技术构建 Browser/Web&Method、Server/Database、Server(B/W/D)的三层信息系统结构。② Information Modeler,信息建模器是基于 Foundation 的用户二次开发工具,支持用户对新应用的开发和定制工作。③ CPC 环境下 CAD 模型的操作与可视化。④ ProductView,2D/3D 观察器(viewer),实现产品模型的 BOM 浏览、操纵、分析、尺寸测量、剖面操作、装配与干涉检查等。⑤ 通过 Info * Engine 对已有和当前信息系统的集成,提供一套适配器(Adapter)实现对 PDM、ERP 等信息的提取并呈现在 Web 页面中供浏览器浏览[12]。

1.1.3　网络化制造环境下的复杂产品开发

清华大学熊光楞教授在文献[13]中对复杂产品的概念做了这样的描述：所谓复杂产品是指结构组成复杂,功能复杂,行为复杂的一类产品。李伯虎院士在文献[14]中分析了复杂产品在设计和制造过程中面临的挑战：研制周期更短、质量更好、成本更低、服务更好、知识含量更高；多学科团队异地、协同设计与加工生产；全生命周期、全系统的项目管理；各类企业间(客户、供应商、协作企业、项目主管企业)的设计、加工生产、管理集成优化与协作；制造全系统/全过程的质量管理等。清华大学的范玉顺教授在文献[15]中，对以复杂产品开发为代表的网络化制造过程给出了比较科学和全面的描述：网络化制造是企业为应对知识经济和制造全球化的挑战而实施的以快速响应市场需求和提高企业(企业群体)竞争力为主要目标的一种先进制造模式。

伴随着产品结构及其研制过程变得越来越复杂以及市场竞争的加剧，网络化制造环境下的复杂产品开发在其发展过程中，促使人们不仅关注如何获取和管理产品数据的问题，而更重要的是怎样获得更优质的产品数据问题，从而对复杂产品开发过程提出了从有序到优化的要求，这是由于：

● 产品开发过程特点所要求

复杂产品开发过程所处环境的分布、异构特征更加明显，产品开发过程体现了企业间物理位置上的分散和虚拟逻辑上的集中与统一、企业个体自治和企业间协同的统一、企业运行模式状态空间混沌和联盟组织运行有序的统一[16]，这些特点导致了企业经营理念和运作方式的变化；同时，伴随企业信息系统应用领域和范围的不断扩大，应用系统功能日益复杂，从而对产品开发过程给予了前所未有的关注。

● 市场与经济推动

市场环境的快速变化，要求新产品开发要根据市场变化做出快速反应，它要求企业以更快的速度开发出质量更好、成本更低的产品满足用户需要的"个性化产品"。[17][18]面向复杂产品开发过程，网络化制造以现代通讯技术为手段，充分利用分散在同一企业不同地点或不同企业组织之间的资源、资金、技术、设备、知识与服务等技术和手段，通过引入竞争机制，以"价格低廉，质量最优"为目标[19]，进行复杂产品的设计和生产。

● 产品特征本身所要求

复杂产品本身的复杂性,使设计和制造过程涉及多个学科和技术领域,一个企业已不可能快速地、经济地、独立地从事产品设计、开发、试制、生产、销售和服务等一系列覆盖产品生命周期的全部活动。

● 产品数据形成、数据管理的要求

产品数据多次反复和逐步迭代的形成过程;产品数据的更新、审核、使用、发布和共享以及在数据安全、存储等方面所遵循的严格和复杂的机制;组成产品的零部件物理结构、逻辑和运动状态之间存在的相互影响;反映在产品设计过程中所产生的在时间、序列、数据结构设计中的各种各样约束关系,并要求在产品开发过程中得到满足;以上活动内容都离不开有序并优化的过程支持。

● 环境的动态性和不稳定性的影响[20][21][22]

复杂产品的设计和制造离不开环境的支持,环境对开发过程的影响既有来自系统内部的、也有来自系统外部的干扰,带有相当大的不确定性和不稳定性,它们对工程实施所产生的影响有时可以忽略,有时却是毁灭性的。在工程过程实施时间跨越长、地域范围广的情况下,过程设计要求充分考虑环境变化对工程实施可能带来的影响,并通过制定相应的措施或提供备选方案抵御可能引起的风险。

● 产品并行开发过程组织要求

并行和协同开发过程组织,打破传统企业内严格的部门界限,强调多功能、多学科产品开发小组有效协同工作,并行的致力于产品设计及其相关过程。协同的问题求解过程,要求各协作组织拥有共同的目标并产生一致的结果。并行的产品开发通过对经营过程各个环节的协调和整体优化,以及对企业业务流程和业务模型的设计和优化,主动或被动的重组经营过程以敏捷的响应市场变化。

正是由于以上原因,在复杂产品开发过程中,面向过程管理的开发过程设计和规划已经成为影响产品开发成功与否的关键,在网络化制造技术发展过程中已经引起人们的普遍重视,成为一个具有重要意义、值得进一步深入研究的课题。

1.2 国内外研究现状

1.2.1 围绕复杂产品开发过程国内外的研究热点

复杂产品创新及其设计能力反映了一个国家的综合技术水平，复杂产品开发过程是计算机技术、多媒体技术、网络技术、通信技术、数据库技术以及产品设计技术、优化技术、仿真与分析技术、过程管理技术、企业建模技术等的集成和综合应用，它充分继承了并行、集成、虚拟、过程优化、过程管理等先进制造技术中的精髓，代表了制造业的发展方向[23]。复杂产品开发过程的实施需要综合解决与产品开发相关的平台技术、设计技术、软件技术、管理技术、企业文化等一系列问题，是一个长期实践并不断完善的过程。围绕复杂产品开发，比较有代表性的国内外研究热点，如表1-1所示。

表1-1　面向复杂产品开发过程的国内外研究内容

研 究 机 构	主要研究内容或学术观点
清华大学自动化系	研究面向复杂产品的协同设计与仿真，讨论多领域协同仿真技术的特点和实现方式，重点分析了遵循 HLA 规范的协同仿真模式及其关键技术[24][25]
北京航空航天大学电气工程及自动化学院	研究复杂产品虚拟样机协同仿真建模技术，对虚拟样机研发全过程进行建模和优化，贯穿于设计开发和测试等各个环节，并对其中的建模规范、建模技术、模型驱动体系结构(MDA)进行了讨论，以期实现基于 Web 的分布式协同[26]
天津大学管理学院	研究基于虚拟组织的复杂产品系统集成开发模式，论述了虚拟企业组织对复杂产品开发过程的适应性，通过对管理、设计、制造、质量控制、支撑环境五个层次分析，建立面向复杂产品开发的项目过程管理体系[27]

续 表

研 究 机 构	主要研究内容或学术观点
大连理工大学机械制造及自动化学院	比较系统地分析和研究了复杂产品数字化开发系统与过程管理技术[28]
美国航空航天局(NASA)	针对宇航复杂产品的开发,构建"智能综合环境",为分布于不同地方的工作人员提供强有力的工具支持,使之能够在"浸入式"的虚拟环境中协同工作;在物理样机制作之前,对产品开发任务全周期建模、仿真,达到近乎实时响应[29][30]
约翰霍普金斯大学应用物理实验室	从知识管理与使用的角度出发,开发一种新的基于知识的宇宙飞船建模、仿真方法,提供设计和维护知识的功能,全面支持宇宙飞船全生命周期的设计以及设计过程中知识的获取和管理,定义基于知识的过程管理体系结构[13][31]

  在复杂产品开发过程研究领域中,更多的相关研究,如:西北工业大学对"复杂产品协同开发支撑环境的关键技术研究"[32],浙江大学对"复杂产品系统技术创新过程研究",相应的单元技术研究,如:复杂产品层次语义模型的研究[33]、复杂产品设计过程中的分形设计技术研究[34]、基于 CSCW 的复杂产品协同工艺设计的研究、基于多 Agent 的复杂产品方案设计支持系统实现技术研究、复杂产品研制过程中的产品信息与知识管理系统研究[35][36][37]等。

  当前,面向复杂产品开发过程的系统、平台、体系、模型以及关键技术、单元技术的研究,其根本原因在于产品组成结构的复杂以及源于结构与功能的复杂导致开发过程的复杂;源于并行、交叉、协同、动态的产品开发过程特点[38]。它要求项目管理人员与产品开发人员既要从全局的角度认识和控制开发过程,又要实时了解每一阶段、过程和环节所处状态,实现合理调用资源,优化活动过程,快速、低成本、高效益的完成产品开发任务的目的[39][40],从而提出了对复杂产品开发过程规划的迫切愿望和要求。

当前,我国在复杂产品研究领域,优势和不足、机遇和挑战并存。一方面,研究复杂产品的理论和基础设施薄弱;另一方面,一批优秀的企业通过走技术引进与自主开发,已经在某些领域具备了独立的开发复杂产品系统的能力。例如,在船舶制造领域,我国已经成为继日本和韩国之后世界第三大造船国。在强调以技术创新提高国民经济运行质量的过程中,复杂产品及其系统正承担着举足轻重的作用,并提供了良好的机遇。面向复杂产品的开发过程,表现了典型的计算机支持的协同工作(Computer Supported Collaborative Work, CSCW)过程特点,并基于以下三方面原因对过程规划提出了独特和更高的要求:

● 创造性的设计和制造

复杂产品在现代制造业中的重要地位和作用,使得产品组成不但结构复杂,而且融合了多学科甚至是前沿技术,这些技术涵盖了许多未知领域,例如:新材料的选择以及创新性的工作原理、控制技术、加工技术、测量技术、测试技术、仿真与实验技术等方面的表现。创造性的产品设计和制造工程实施过程,在资源选择、协作组织建立、信息共享以及开发过程的设计和管理等方面提出了更新、更高的要求。

● 适应性造就的复杂性[41]

适应性是指行为主体能够与环境以及其他主体进行的交互作用[41]。在这个过程中,通过不断"学习"或"经验积累",行为主体能够根据学到的经验改变自身结构和行为方式。开发过程的演化,包括新层次的产生、分化和多样性的出现;经聚合而成的、新的、更大的主体出现等。当把开发活动看作行为主体时,它与环境(包括其他活动)之间的相互影响和作用,是过程演化的动力。活动所具有的自治性、能动性、适应性、可通信性和反应能力,使多个活动结合为流程,在活动与流程、活动与环境、活动与活动之间,存在着复杂的交互和关联作用,存在着物质、能量、信息的交换;交换和关联是有规则的,而规则又是变化的。在引入随机因素的作用之后，复杂系统的行为变得丰富多彩，系统进化过程变得尤为复杂[42]。

● 更加注重过程的管理

复杂产品在设计过程中大量的显式或隐式的约束条件的存在，生产和生活中人们对产品设计一次成功性的要求和期待，以及在产品上市时间、产品质量、开发成本、用户服务、环境清洁等方面的要求，要求项目组织者更加注重对开发过程的管理和控制。日本东京大学的小山健夫在强调经营管理对造船业的重要性时，曾这样描述：作为成熟的造船业一定要从"一分经营九分技术"转变为"七分经营三分技术"。

事实上，许多以复杂产品设计和制造为主的企业已经充分认识到了这一点。以波音公司（BA）为例，国内外许多知名媒体、网站于 2005 年 2 月 22 日纷纷刊登了这样一条新闻：

【新闻内容】 日前，波音公司宣布，该公司已达成单独协议，将售出其部分飞机生产业务和其 Rocketdyne 火箭推进及动力业务。该公司宣布，总部位于多伦多的 Onex 公司同意以 9 亿美元外加承担所有债务的价格收购波音位于堪萨斯州 Wichita 和俄克拉荷马州 Tulsa 及 McAlester 的飞机生产业务。Onex 宣布，新业务部门将与波音公司之间达成长期协议，为波音公司提供多种型号飞机机身和机翼部分的零部件。上述交易并未包括波音公司的防卫系统业务，此次交易预计将在今年第二季度内完成。此外，波音公司还指出，Pratt & Whitney 将以约 7 亿美元现金收购其 Rocketdyne 火箭推进及动力业务……

波音公司执行副总裁 Laurette T. Koellner 在评价波音公司的这一举措时说，这表明波音公司的经营策略正从精益生产向精益管理方向转移，波音将在今后更加专注于对新产品研发过程的设计和管理，绝大多数零部件、子系统的设计和制造将交给更加专业的企业去经营。

因此，当产品开发从传统的串行模式演变为并行模式以后，复杂产品设计和制造过程变得更为复杂,在参与复杂产品开发的协作组织之间以松耦合的方式组织起来获取产品数据的过程中,过程设计和过程管理显得尤为重要,已成为创造企业知识、挖掘潜在市场竞争力的重要手段之一。

1.2.2 过程规划技术研究的现状及存在的问题

1.2.2.1 过程规划技术的研究现状

设计和规划产品开发过程的目的在于为产品开发提供所要求的环境条件,为复杂产品设计过程的有序进行设定合理的边界条件和操作空间[43],实现开发过程系统的从无序到有序,解决系统过程成分在空间位置、活动时序和功能关系上存在的相对不确定性、混乱性、矛盾性和随意性问题[44][45]。通过对产品开发过程的规划,分析和发现组成过程的单元之间的联系、内在结构、规律及其相互影响,识别具有相互依赖关系的过程单元集合,建立有序和优化的产品开发过程。通过对产品开发过程的动态模拟与静态过程分析,保证在产品研制过程中,始终有一个数学模型跟随并不断以定性和定量的结果帮助和指导研制过程以及模型与数据的准备,使产品开发过程更加科学、高效。

围绕产品开发过程规划技术,目前的研究主要集中在以下几个方面:

1) 产品开发合作伙伴的选择与协作组织建立问题的研究。通过分析产品组成单元及其性能与评价指标,考察企业在产品组成子系统、零部件等的设计和开发过程中所表现的能力,讨论合作伙伴的选择问题。MARTINE M T、FOULETIERK P、PARK H 等在文献[46]中研究了根据成员企业对资源的贡献能力为目标进行盟员选择的方法。文献[47]中提出了一种面向产品开发能力的动态联盟盟员重组优化方法,通过建立评价任务对象指标特征矢量矩阵,采用 Zadeh 提出的最大、最小隶属度函数模型,将特征矢量矩阵转变为指标隶属度矩阵,通过优矢量、次矢量与权矢量的计算,对备选企业产品开发能力的综合评价结果进行排序,从而选择最佳合作伙伴。文献[48]分析了基于产品结构、采用层次分析法和贪心算法思想,结合时间复杂度和空间复杂度算法分析,对动态盟员选择方法进行了研究。文献[49]通过分析虚拟企业资源共享类型和协作动机,建立"水平共享"与"垂直共享"型企业伙伴模糊优选模型,通过将多维企业生产资源的模糊兼容性指标,转化为相对于模糊概念优的相对优属度,把多目标动态规划问题,变成单目标动态规划问题,沿决策序列方向选择相对优属度总和最大的企业为最佳合作伙伴。

2) 产品开发过程的分析与设计。完整的描述产品开发过程需要自顶而下和自下而上结合展开,自顶而下是建立在对要开发的产品进行描述的基础上进行的,自下而上是指随着开发过程动态因素地加入,过程变化引发产品信息的改变直至最终完善。Chang-Ho Lee采用面向对象的方法分析并描述了产品开发过程,将产品对象分解为多个实体,并定义实体间的语义联系;同时将过程也定义为实体,根据过程实体和产品实体的语义关联,将过程信息和产品信息联系起来,从而对产品开发过程进行分析和设计。文献[41]在对项目管理与工作流管理技术的研究中,给出了一种分层的、面向协同的任务分解模式,这种模式赋予任务过程一定的柔性,充分肯定合作伙伴对任务过程设计的贡献,以面向协同的任务分解作为分析和设计产品开发过程的基础,通过 Agent 技术动态调用与流程相关的决策知识,实现彼此相关任务流程,如产品设计流程、产品制造流程、销售经营流程等的有效管理,包括知识库创建、推理决策、协作机制以及 Agent间的通讯等。中南大学工商管理学院高杨教授在文献[50]中介绍了一种基于 Agent 技术的过程协商与协作问题,建立基于RETSINA[51]的 MAS 协作框架,基于这种开放式、异构的多 Agent协作环境,实现盟主企业与潜在成员之间以及潜在成员与成员之间的多边过程协商与过程协作机制。JENNINGS N R 在文献[52]中研究了分布式、异构环境下任务协作过程中关于产品描述、过程描述、概念交流、概念选择、三维图形描述等问题。Momotko 在文献[53]中提出了一种适应于动态修改工作流参与者分配的方法,通过对接口函数的求解,决定工作流中活动是自动或人工分配给一个或一组参与者的问题。浙江大学现代制造工程研究所的唐任仲教授在文献[54]中研究了基于客户需求的业务过程设计技术,分析了基于流水线方法的业务过程以及面向时间和成本的业务过程优化方法。

3) 产品开发过程建模技术研究。以产品开发活动为基础建立的系统中,过程定义负责将企业的实际经营过程和生产过程转化为计算机可识别和处理的工作流。在对企业经营过程定义时,业务流程模型的优劣、开发活动路线是否合理并优化直接决定了过程系统是否准确、合理、高效、全面地反映企业实际,并能柔性适应开发与协作过程的动态调整[55]。ELZINGA D J 在文献[56]中提出了一种业务过程建模(Business Process Management,BPM)与实施的方法,该方法侧重于过程的评价与改进;文献[57]、[58]基于 ARIS 框架研究了BPM 模型,并对项目过程建模、支撑技术与过程实施做了分析。文献[59]中分析了集成化开发过程中分布式开发过程模型体系如何建立的问题,提出一种带有中央协调器的项目过程管理模型以及基于该模型的集中与分散相结合的过程控制模式。文献[60]中研究了基于Petri 网(或着色 Petri 网)的开发过程建模技术与建模原理,以期获得对产品结构、活动过程、供应链进行实时和动态描述。Petri 网是基于状态的建模方法,它由两类基本组成元素库所和变迁,二者之间用有向弧表示[61]。它明确定义了模型元素的状态,并通过状态变化驱动流程地演化。应用 Petri 网技术方便的描述了并行、串行、协作开发过程以及过程传递、过程迁移、过程控制等信息,但对如何组织最优开发过程,Petri 网技术无法解决这一问题。

产品开发过程管理技术的研究。产品全生命周期管理和复杂的开发过程,都要求实现开发过程的透明进行,及时反映过程进度、状态,并对过程的健康状况作出预测。通常从项目管理与工作流管理两个方面展开对产品开发过程管理技术的研究。然而,在实践中,项目管理总是被作为管理层的内容去研究,而工作流的管理被看作是设计人员去面对的问题,这种人为的或观念上的错误,导致了项目管理与工作流管理在研究过程中的割裂,各自被作为相对独立的单元技术去研究,或者把项目管理仅仅作为对活动过程的单向支持来对待,而忽略了后者对前者的反馈。

1.2.2.2　过程规划技术在目前研究中存在的问题

传统的产品开发是按照泰勒方式进行的,其基本原理是将工作过程分解为可以执行的步骤,前后工序分离、规则和实施任务分离,各步骤按既定次序执行,这对于过程复杂、信息集中的项目,容易导致较长的开始时间,甚至是开发过程管理上的混乱[62][63][64]。应用传统模式实现复杂产品开发过程管理,存在以下问题:

1) 协作组织的建立更多地从人和技术的角度考虑,而不是以产品为核心,产品开发合作伙伴的选择与协作组织的建立与动态的产品开发过程需求脱离,无法做到资源选择和使用过程的最优,忽略了资源市场积极性的维护和培养,难以实现资源充分共享和优化使用,并最终影响样机产品质量。

2) 由于地域分散、专业分工的存在,整个开发过程缺乏统一和完整的分析与前期规划,难以呈现完整的工程全貌,无法体现整体化产品开发思想,开发人员缺少对开发过程的整体思考。

3) 项目过程信息分散,产品并行开发过程状态得不到及时响应和反馈,不利于对项目过程的全程监控和项目进度的柔性协调。项目过程所涉及的资源和信息不能统筹计划和使用,知识与资源协作的优势难以得到尽情发挥[65][66]。

4) 任务分解、开发计划和工作流程的制定更多地依赖于现有经验,缺乏相应的设计理论和方法指导,缺乏评价标准和依据。项目实施过程中由于理解的不同和业务进程的不透明,设计人员难以及时沟通和交流,造成流程上的交叉和冲突以及设计过程的反复和修改,极大地影响了样机制作的时间和周期。

5) 过程管理缺乏过程设计的支持。产品复杂程度的增加受到了广泛分布的产品数据、知识的数量和设计质量的约束[67][68][69]。现有的过程在知识积累、存储、传输和共享使用上还不能满足复杂产品开发过程的要求,过程设计与过程约束、过程管理以及过程控制相脱离,缺乏过程设计支持的过程管理难以满足产品开发过程在产品质量、时间、成本、效益等方面最优控制的要求。

与传统的开发过程相比,网络环境下面向复杂产品的开发过程涉及的范围更为广泛,环境更为复杂,管理的信息更为多样,这就需要一个完整的开发过程管理体系对整个开发过程给以指导,需要通过科学的方法规划开发过程,以获取资源协作优势和活动过程最优组织的目的。目前在复杂产品开发过程中存在的这些问题,极大地限制了开发过程的优化与过程的组织实施,降低了产品开发速度和最终产品质量,提高了开发成本。

当产品设计和制造成为制造企业经营核心时,对产品开发过程的设计和规划也转向以产品为中心。传统的以企业或人为主题选择合作伙伴、建立协作组织在思想和方法上均存在很大的缺陷。网络化技术的发展,面向生产过程的广义制造资源的定义得到了人们的普遍认可[70][71][72],广义的制造资源定义体现了以下三个特征:① 资源内容范围广,包括企业所拥有的技术、设备、材料、人员、专家知识以及产品生命周期所涉及的硬件、软件等的总称;② 资源组成单元相对独立,面向产品开发任务实现,并被封装成服务的形式,高效、灵活、可装配式的对外提供服务;③ 资源服务以满足企业利润最大化为目标。因此,建立产品协同开发组织,应在对复杂产品结构、功能和行为特征理解和认识的基础上,进行开发任务分解,以相对独立的任务实现为准则进行资源选择和使用[73][74]。并且,在市场竞争环境下,资源建设和使用的原则,对资源提供者而言,是双方甚至是多方博弈的结果,而不是单纯的合同与契约关系所约束;对资源使用者来说,是服务质量(Quality of Service,QoS),例如:服务时间、成本、安全性等目标准则下的综合评价结果[75]。

过程规划和过程建模已成为当前研究热点,在强调过程管理的同时,人们越来越关注对过程执行的前期设计和规划,并伴随着开发

过程的日趋复杂,对过程规划技术提出了越来越高的要求。在目前
的研究中,普遍存在的一个问题是很好地解决了既定流程的运动和
控制,而对于开发环境、任务过程、活动过程的创建还主要依赖于人
们的经验;在对过程规划与过程建模技术研究过程中,缺乏完整、系
统的理论体系指导。

目前,对产品开发过程的管理,仍然侧重于对已有数据的管理,
而忽视了如何获得质量更高、更有价值的产品数据问题。基于活动
路线的开发过程设计,是一个包括协作组织在内的企业生产与经营
等各个环节的持续优化过程[76],关系到产品质量、开发成本,并与企
业组织和协作过程密切相关,是企业提高产品竞争力、提高企业效益
的关键。IBM 公司推出的 MQSeries Workflow 工作流管理产品,将
分布在异构平台环境下的不同活动、系统和应用有机的整合起来,实
现整个消息队列的通信联系。然而,如何设计最优工作流程的问题,
系统本身并没有回答。同样的,成功的商业化过程管理软件,如:在
EDS 公司的 Teamcenter 和 PTC 公司的 Windchill 系列软件技术解
决方案中,无论是流程的制定、资源的选择、协作组织的建立,更多地
依赖于人的经验进行,缺乏完善的过程设计的支持。它们对于产品
生命周期中能够用规则准确描述的、有形产品信息和过程的管理表
现了卓越的性能,如:项目计划、文档管理、产品数据管理、工作流管
理等;而对无形信息特别是知识的管理与重用,却表现的无能为力,
例如:流程的智能与自适应控制问题、产品开发活动如何组织最优的
问题、融合约束和规则的流程设计等问题的研究,显然这些决策过程
对企业管理和产品开发过程而言又是非常重要的。

1.2.3 过程规划技术研究的发展趋势

复杂产品开发既是一门综合技术,又是一项系统工程。网络化
技术的发展,产品开发阶段、子系统过程的区别不再十分明显,通过
资源与信息的共享,产品开发从单个开发单元孤立的过程序列、过程
链发展至过程流[77]。产品开发过程规划是设计从产品开发过程所需

输入到输出的全过程,研究企业从观念、组织、产品开发到过程管理、软件、硬件和企业文化等综合内容,实现新技术、新理念、新模式与企业实践相结合,从而高效益的提高复杂产品开发技术水平和企业综合竞争能力。

面向复杂产品开发过程规划技术研究,其发展趋势体现在以下几个方面:

1) 面向用户,以产品为本进行过程设计。规划产品开发过程的根本目的在于满足用户要求、低成本高效益的完成产品开发。因此,过程设计应遵从产品开发要求出发,改善企业业务流程[78],建立以产品为核心、面向协同过程的管理体系。

2) 复杂产品开发过程的复杂性、动态性、柔性特征,分布、异构的环境特点以及人们对成功地进行复杂产品开发所寄予的厚望和期待,要求过程规划在产品开发早期就建立信息完整、流畅、过程透明、既分散又集中的开发环境,形成前期规划驱动后续过程,后续过程为前期规划负责并提供反馈的双向互动。

3) 与传统的产品开发模式相比较,复杂产品开发对制造资源提出了更高、更严格的要求。全球范围内稀有、融合尖端技术的资源市场竞争尤为激烈,同时,由于并行开发过程组织加剧了开发过程的动态性,对资源使用提出了更加灵活而快捷的要求,如何协调二者的矛盾,在保持资源市场动态平衡的基础上,为复杂产品开发提供满足约束条件下相对稳定、成本低、质量高的资源环境,是过程规划需要进一步研究的崭新课题。

4) 过程的完整、透明和抗干扰能力设计。体现在从全过程意义上控制和描述开发过程、反映过程状态、优化过程设计和过程管理,提高设计过程的透明度和适应外界环境变化的能力。

5) 过程与约束和规则融合,并为过程管理提供有力的支持。研究约束条件下复杂产品开发活动路线设计与优化问题,优化策略、约束规则、约束条件与具体的开发过程和环节融合,并基于数学理论和方法进行规划。在过程设计中,充分利用并创新企业知识,既重视产品数据形成过程和管理,又关注获取高质量产品数据问题的研究,从而保证所设计目标产品质量更优、企业效益最大。

通过对支持复杂产品开发过程规划的理论与技术的研究,建立满足复杂产品开发过程特点和要求的环境条件,并与协作组织之间既竞争又协作的格局相适应,为产品开发过程组织实施提供全方位服务和全过程的指导;实现企业内外部资源、知识、技术和人员的最优配置[79][80],并能根据市场变化做出快速响应,维护盟主企业与合作伙伴双方乃至多方利益关系,对于有效降低企业风险与生产成本,提高产品质量,迅速完成既定产品开发目标和任务具有极其重要的意义。

1.2.4　课题来源及其研究意义

1.2.4.1　课题来源

本课题来源于国家"863"项目支持配套工程——上海市浦东新区科委"微电子装备业信息化应用集成平台建设项目"。项目承担单位——上海微电子装备有限公司(SMEE)承担了国家"十五"重大科技专项"微电子及软件"专项 100 nm 分辨率 ArF 准分子激光步进扫描投影光刻机的研制任务。研发中的光刻机产品结构复杂、光刻精度要求高,研发周期短、任务重、技术含量高,产品技术涉及机械、电子、控制、光学、检测、化学、软件、环境等多个学科领域,单靠一个公司的实力很难在短短几年的时间内开发出这样一种集高、精、尖端技术于一体的光刻机产品。面对这样复杂产品的开发任务,在充分进行市场分析和技术论证的基础上,公司决策层决定以一种新的管理理念和产品开发模式指导光刻机产品研制与开发任务。作者在SMEE 全职工作一年多的时间,在历经了 Teamcenter Project、Teamcenter Enterpris 与 IFS2003 实施全过程实践基础上,展开本论文研究。

1.2.4.2　课题研究意义

产品开发过程规划的目的一方面要保证产品开发者在规定的

时间和地点完成产品开发任务;另一方面使参与任务执行的企业要及时、正确的理解产品开发任务状态,及时感知协作环境变化,唤醒协作对象并主动调整自身行为能力[44]。对于简单产品的开发活动,其规划方法可以通过简单的流程来描述;对复杂产品而言,由于产品结构、功能和行为的复杂导致产品开发过程的复杂,保持产品开发过程的高度能控性,以及项目进展在空间和时间上的高度有效性,对于保证新产品开发的一次成功具有积极的意义。

然而,面向复杂产品的开发过程不仅涉及各种组织(包括用户、承包商、供货商)、涉及具有不同技能、不同文化背景、地位、心理、道德水平、工作素质的个人,而且涉及多项专项工程,如可靠性工程、维修性工程、安全性工程、人机工程、成本价值工程、质量工程等,通过对产品开发过程的设计和规划,满足参与产品开发的各协作组织、开发人员、专项工程过程协调及其有序工作的要求。从并行产品开发的角度,研究复杂产品开发过程规划技术的意义在于:

1) 指导并规范企业行为,提高产品开发过程的并行性。通过过程规划,使项目管理人员能够深入了解企业行为与产品开发活动之间的关系,根据并行产品开发过程组织要求,分解任务结构,制订开发计划和产品数据形成过程中的约束条件,包括设计中的约束、企业行为约束、企业资质和信誉等的要求,进一步规范和调整企业行为,使之满足并行展开开发活动的要求。

2) 增强产品开发过程的协作性,有助于实现产品开发过程的有效控制。并行工程强调多学科领域专家共同参与,形成集成化产品开发团队,尤其在产品开发过程早期,多学科专家面向任务过程,协同决策,考虑各种可能影响因素,使产品尽可能的满足各种需求,保证设计过程的一次成功。面向产品的过程设计,总是按照并行工程要求寻求产品开发过程的最优解,把当前网络技术发展中既相对成熟又相对孤立的单元技术联系起来,以整体化开发思想,指导从需求、计划到设计和制造的整个过程。通过全过程透明的状态反馈、里程碑设置,使项目过程中的薄弱环节得到重点关注以及全过程的有效控制。产品开发过程的有效协作,集众多智慧、高品质的制造资源服务于开发过程,既提高了产品质量,缩短了产品开发周期,又实现了开发过程的低成本和高效益[81]。

3) 通过建立和谐的产品开发环境,增强产品开发过程的稳定性和应变能力。从对理想中样机产品的组成结构、功能和行为的理解出发,基于产品结构进行任务分解,建立宏观上的任务集合与柔性任务过程。在此基础上,研究资源配置原理与方法,基于博弈论进行合作伙伴选择,构建产品开发协作组织。以并行工程思想为指导,展开约束条件下产品开发活动过程路线的分析和优化设计,并在活动执行过程中智能并动态的选择使用最佳工作资源节点服务于开发过程。通过对开发过程的仿真,预测、控制并及时响应微观过程中的反馈,及时作出调整。整个规划设计过程以产品开发为核心,遵从产品数据形成规则与规范,为复杂产品开发提供和谐的环境空间,尽可能地在早期考虑到后续可能发生的问题,避免或减少了产品开发过程中长周期的反复和修改。智能、柔性的任务过程设计,增强了产品开发过程的稳定性和自适应能力,提高了对外界环境的动态应变能力和抗干扰能力。

本课题的研究,遵从复杂产品开发过程要求和所处环境条件,规划产品开发过程,研究与过程实践密切结合的集成化产品开发过程管理体系、过程模型,建立体现产品开发整体思想、基于 CSCW 的智能决策平台,指导分布式产品开发过程。作为对产品开发进行有效控制和决策基础,产品开发过程规划对于复杂产品的研发具有重要意义。通过合理的过程规划,帮助企业决策者从战略意义上分析和定义产品需求,监督和控制项目实施过程;它为设计人员提供了相对明确的操作空间,有助于在整个项目空间内及时、正确的执行与复杂产品开发有关的业务流程,实现不同企业之间应用系统、资源的有效集成和相互协作。

1.3 本文的主要研究内容及论文结构

1.3.1 主要研究内容

如何在分布、异构的制造环境中为复杂产品开发过程的组织实施提供有序、优化的方法指导与建立和谐的开发环境,充分满足各协作组织、个人的不同产品开发需求,快速响应市场和客户需求,实现协同工作过程的连续与透明运行、制造资源市场的均衡发展、资源的充分共享以及产品开发过程路线的优化设计是本文重点解决的问题。这些问题在论文中通过以下几个方面的研究加以解决:

■ 分析复杂产品开发过程,建立过程规划技术及其支撑原理、技术。

■ 面向产品和开发过程的候选资源域的建设、资源调用与管理技术研究。

■ 分析产品开发过程中的影响与约束因素,研究约束条件下任务过程、活动过程的优化设计原理与技术。

■ 研究并设计支持过程规划技术实现的网络化产品开发平台组成结构,分析过程规划技术赖以实现的过程规划工具、过程仿真工具及其功能。

1.3.2 论文的结构安排

本文主要内容的研究,按图1-1所示章节结构展开论述,全文共分为7章。

第1章:绪论,在对全文研究背景、课题研究意义、国内外研究现状和发展趋势、应用背景综述的基础上,提出本文研究内容。

第2章:研究复杂产品开发过程规划体基本原理、支撑技术。建立面向过程规划的复杂产品开发过程模型,分析建模基本原理、支撑技术。

第3章:研究面向复杂产品开发宏观过程规划技术。从分析复

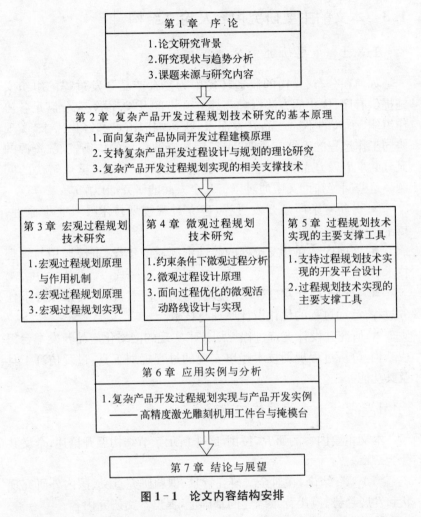

图 1-1　论文内容结构安排

杂产品开发过程特点和对开发环境的迫切要求出发,阐述宏观过程
规划原理及其作用机制,并基于运筹学原理重点描述在资源配置与
协作组织创建过程中的过程规划技术,通过实例予以验证。

　第 4 章:研究微观过程规划原理与实现技术。分析基于约束的复杂产品开发微观过程,以及微观过程设计原理。以活动过程路线优化设计为例,阐述微观过程规划与设计方法实现的一个实例。

第5章:结合复杂产品协同开发过程实现平台,介绍平台赖以实现的主要支撑工具及其功能,分析过程规划结果执行中的过程控制技术和实现策略,并对过程规划的预期运动轨迹进行了分析和预测。

第6章:应用实例和分析。给出了基于本文所述过程规划技术支持下复杂产品开发实例验证。

第7章:对全文研究内容进行总结,提出进一步的研究方向。

1.4 本章小结

本章分析了课题研究的背景和意义,阐述了课题研究现状和发展趋势,并对相关研究基础进行了介绍。最后,说明了论文的主要研究内容和章节安排。

第2章 复杂产品开发过程规划
技术研究的基本原理

2.1 引言

随着产品全球化程度越来越高,现代产品设计已经是面向市场、面向用户的设计。产品本身越来越复杂,特别是融合现代技术的复杂产品,设计对象是一个时变系统;同时复杂产品的开发促使了各学科之间的交叉和融合,如现代数学、计算机与信息科学、生物与生命科学、物理学、电磁学等学科的高速发展,这些学科向机械设计与制造领域的渗透,不仅给现代产品设计提供了坚实的理论基础,同时也提供了先进的技术和手段,使得产品开发朝着自动化、可视化、网络化和虚拟化方向发展,这对于复杂产品开发不仅提出了建立虚拟企业组织实现横行协作、整合一切可能利用资源的要求[82],而且也提供了这种可能。

复杂产品开发是面向产品全生命周期的广义优化设计和制造过程。由于产品开发过程的阶段性、反复性以及协同中的异地、耦合特征,给分布式、集成化产品开发过程组织与管理带来了新的困难:一方面要在保证产品质量、降低开发成本的基础上,划分明确的协作空间和区域,为并行开发过程组织与实施准备必要的条件和环境。另一方面基于任务分解优化设计过程,建立流畅、动态、适应能力强的开发过程。通过对产品开发宏观过程规划,使协作组织能够及时、正确的理解产品开发过程及其状态,及时感知协作环境变化,唤醒协作对象并主动调整自身行为,保证产品开发者在规定的时间和地点完成产品开发任务。

2.2 复杂产品开发过程的分析与过程定义

2.2.1 产品开发模式的演变及其对开发过程的影响

现代技术的发展,使越来越多的制造企业实现了基于网络和计算机应用系统的数字化产品开发,但大部分产品开发模式落后,开发过程缺乏有效的管理,一定程度上阻碍了企业产品研发能力的迅速提升。解决问题的有效途径之一是通过对集成化产品开发过程的研究,把先进的管理思想与信息技术、分析手段相结合,实现产品开发过程的各阶段、产品开发与产品生命周期下游其他过程之间的信息交互、共享和协同,为创建开发计划、组织开发过程提供指导。

传统的产品开发过程是串行方式的,后一阶段的任务一般要等到前一阶段任务完成之后才开始。产品开发各阶段相对独立,彼此之间信息不能及时共享,在实现当前阶段任务时不能综合考虑对后续阶段的影响,产品开发过程中下游信息对上游信息的滞后反馈,使产品开发过程中设计变更次数多,易反复,产品开发过程周期长、效率低。

当产品开发从传统开发模式演变为串行与并行相结合的现代开发模式时候,要求开发人员在设计一开始就考虑产品整个生命周期中从概念形成到产品报废处理的众多因素。在产品开发过程的各个阶段,任务交叉、活动并行,上游信息能够及时被传递到下游的各阶段,后续阶段能及时对上游信息作出反馈,从而把一切可能在后续阶段或过程产生的问题在设计前期尽可能地解决,避免了开发过程中大的重复和返工,达到缩短产品开发周期、降低开发成本、提高产品质量的目的[83]。串行开发模式与串并行相结合的新的开发模式对产品开发过程的影响如图 2-1 所示。

现代产品开发模式强调产品开发各个环节之间实现最大限度的交叉、并行与协调,包括产品功能、可制造性、可装配性、可靠性、生产成本和服务等环节。"并行与协同"并非单纯指同时进行,而是逐步

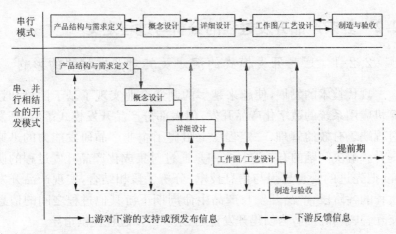

图 2-1 串行与串并行相结合的开发模式对开发过程的影响

交替地实现设计、工艺、制造、管理等企业活动,在产品设计与制造的每一个阶段都尽可能地考虑到后续有关环节的影响和约束,以设计早期的多次局部迭代修改代替传统串行设计中的不同阶段、不同环节之间的迭代修改。这是一个持续改善产品性能的过程,它把传统的"设计—评价—再设计"的大循环转变为小型、多次的、具有零部件特征、过程特征、地域特征的局部小循环。在每一个小循环内部,设计活动是顺序执行的,但总体上小循环之间又是并行协同的。通过引入阶段上的信息预发布机制以及大小循环间的耦合与转换,推动了设计过程的不断完善。

随着敏捷制造思想与技术的深入发展,跨行业、跨地区、乃至跨国的设计与制造格局的逐步形成,现代产品开发模式下融合现代技术的复杂产品开发过程,日益呈现以下特点:

1) 产品开发环境的开放性。产品开发过程、协作组织、制造资源、制造环境的开放,使系统内部各部门、系统演化的各阶段、系统与外界之间一方面存在着物质和能量的交换(原材料、半成品、成品、设备、工具等),另一方面也存在着信息的不断输入与输出(标准、数据、资料、文件、指令等)。

2) 开发过程的动态性。产品开发是一个将概念对象不断转化为实体对象的过程,这种转换不仅意味着过程对象的形态是动态的,而且与过程相联系的工程要素也是随时间变化的,主要表现为过程设计、表达和执行更加灵活,计划、进度、资金、资源、路线等的安排均处于动态变化之中。

3) 明确和清晰的目的性。开发过程的每一个阶段都是计划与任务目标驱动的结果,表现为在最短的时间内以最低的成本将概念对象转化为实体对象的企图。

4) 活动之间的相互依赖性。产品组成结构各要素之间的密切联系和约束关系的存在,使参与产品设计和开发的各个部门和个人需要及时从他人那里获得必要的共享和反馈信息以调整自己的决策。

5) 过程的可控制性。产品开发系统要求是一个具有协调器的体系,开发过程的阶段性、反馈性以及由于人的参与使许多工程问题易于被认识和处理,使系统具有自我控制和适应环境的能力。

2.2.2 复杂产品开发过程的分析与过程定义

为了系统的描述复杂产品开发过程,使之成为认识过程和对过程进行设计和管理的依据,在过程描述和过程分析时遵循以下原则[62]:

● 结构化准则:作为一个抽象的系统,对过程的描述要与复杂产品开发过程本身一样具有清晰的层次结构。描述层次的混乱意味着对过程认识的混乱。

● 完整性原则:过程描述作为对描述对象的一种变换,应是被描述系统过程的主要组成和主要关系的一个完整映像。

● 系统性准则:系统描述的完整性要求并不是对过程的简单堆砌或罗列,而应该充分反映过程的组成及其联系。

● 正交性准则:产品开发过程的描述是对实践业务过程的高度概括,去除了系统中的一些不必要的冗余成分和冗余关系,正交描述是实现最小复杂性描述和一致性描述的必要条件。

产品开发过程的动态性和复杂性,以及产品开发过程中可能出现的不可预见因素对过程的影响和人们对过程认识上的局限,在把过程向描述转换时允许对过程本身做一定程度上的近似。

复杂产品开发过程所表现出的阶段性、复杂性和无序现象,提出了对产品开发过程进行设计和管理的要求;过程中所表现出的可预测、可控制特性以及对过程描述原则的建立,为过程分析与过程定义提供了依据。

产品、过程和资源是影响复杂产品开发过程的关键要素,这三个要素在空间中的描述,表达了产品开发在资源上整合、过程中互动、协同和约束并存的过程要求和组织关系,成为协同环境下复杂产品开发过程分析的基础。对制造企业而言,产品开发过程主导并贯穿了企业活动的各个方面。

为了便于问题的描述,做如下定义:

【定义 2-1】 产品:包括产品结构、产品功能、与产品相关的文档和规范、产品的制造工艺等有关产品的设计制造信息。

【定义 2-2】 过程:指企业的业务过程,为实现产品开发的全部或部分而经过规划形成的任务或活动序列的总称。其中对任务序列的规划形成产品开发中的宏观过程;对活动序列的规划形成产品开发中的微观过程。

【定义 2-3】 资源:为满足产品开发需要而使用的制造资源,包括设备、人员或组织、技术、应用程序、产品数据、信息资源、知识等。

【定义 2-4】 任务:任务是根据产品对象或开发对象语义,通过决策把目标分解为若干相互协作的事务;事务本身具有一定的层次属性、阶段属性等特征,事务可以层层分解,事务的划分是递归的。

【定义 2-5】 活动:是实现特定任务目标的企业行为。

【定义 2-6】 任务过程:彼此相关的一系列任务由于在空间或时间上的相互影响而形成的序列关系。

【定义 2-7】 活动过程:与活动序列、活动组织的内涵相同,是指为实现特定的任务目标,在人的参与下,利用一定的资源,按照一定的规则,组织并实现任务目标的企业行为过程。

根据以上定义,协同环境下的复杂产品开发过程,是协作企业围绕共同目标(产品),在一定范围内,通过充分共享和合理使用人员、组织、设备、服务等资源的一系列有序企业活动过程。产品开发活动包括产品开发中的控制活动、功能活动和协作活动。控制活动是指为实现产品开发目的而建立的约束和控制;功能活动是指执行者为完成自身任务而进行的独立的个体行为;协作活动是任务执行者在产品开发过程中由于需要而与其他活动个体进行协作而产生的活动。

通过对产品开发过程中任务、活动属性及其过程的定义和分析,可以看出,产品、过程和资源是企业产品开发过程中的重要内容,产品标识企业行为目标,过程定义了任务和活动序列,资源标识活动发生的支持手段。产品、过程、资源三个要素的有机集成,表达了产品开发活动的内容,示意了产品开发活动过程。按照面向对象的过程建模方法,由这三个要素构成的三维空间模型就表达了集成化复杂产品开发过程内容。

表达复杂产品开发过程内容的三维空间模型如图 2-2.a 所示,依据该模型,形成两个非常重要的视图:过程—资源视图(A 视图,图 2-2.b),产品—过程视图(B 视图,图 2-2.c)。三个元素、两个视图从不同的侧面反映企业在产品开发过程中企业活动主要内容和关系,共同描述了支持异地协同的集成化产品开发环境。

■ 过程—资源视图

从 A 视图可以看出,产品开发过程是由不同阶段中多个活动过程构成,这些活动涉及不同资源的组织和调用,活动具有以下性质:

性质 1:产品开发过程的某一阶段由不同的活动组成,活动实现调用了不同的资源。例如,过程 $proc_1$ 由活动 a_1 和 a_2 组成,a_1 和 a_2 分别和资源 res_1 和 res_2 关联。

性质 2:同一资源范围内可以有多个活动与不同的产品开发阶段对应。

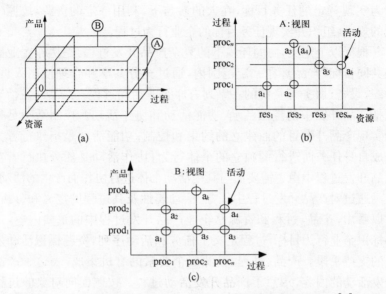

(a)

(b)

(c)

图 2-2 影响复杂产品开发过程的三个要素及其视图描述[44]

性质 3：同一阶段的不同活动，在不同资源范围内发生，体现产品开发活动的并行性特点。例如，阶段 $proc_n$ 有活动 a_3 和 a_4 同时由资源 res_2 负责完成。

A 视图通过以上性质，反映出产品开发过程中基于资源共享的协作组织动态创建与过程组织要求，体现完成产品开发任务异步、并行执行特点。

■ 产品—过程视图

B 视图给出了产品开发不同阶段产品开发过程规划活动特点，具有以下性质：

性质 1：实现产品应用模型的活动以功能模型的形式出现。

性质 2：实现同一应用模型的数个功能活动可以在某一阶段出现，也可能分布在几个阶段出现。例如，在 $prod_1$ 中，在 $proc_2$ 阶段有 a_5 活动。

性质 3：在产品开发过程的某一个阶段，可以有多个活动同时作用。

B视图反映了产品开发过程中任务计划与过程规划策略,体现任务过程同步规划要求。

复杂产品集成化开发过程中,产品、过程、资源三个要素在空间上互动,集中体现了企业在产品开发过程中企业活动行为的组织、控制和协调过程。考察某一时刻的视图状态,能够清晰地获得协作范围内的组织状况、资源信息、产品状态等与产品和过程密切相关的信息。影响复杂产品集成化开发过程的三个要素及其视图描述,揭示了复杂产品开发过程规划技术研究的核心内容:面向过程的任务组织、资源计划与管理以及建立在资源使用基础上的活动路线的优化设计,本文将通过宏观和微观两个层次展开相关问题的分析和研究。

用一个多元组定义和描述复杂产品开发过程,其结构为:$P = <Ta, A, Se, D, R, Wf>$,其中:

- 任务集合:$Ta = \{t_1^0, t_2^1, \cdots, t_i^j, \cdots, t_n^m\}$

Ta 为实现业务过程 P 的任务集合,任务 t_i^j 中,i 为任务标识号,j 为 t_i^j 的父任务标识号,并有:$t_i^j = <G, A>$,G 为任务 t_i^j 的目标功能集合,A 为产品功能/结构对任务 t_i^j 所提出的属性要求。当有多种任务选择方案、多个约束条件存在时,需依据产品属性进行任务目标或功能目标选择。

- 活动集合:$A = \{a_1^1, a_1^2, \cdots, a_i^j, \cdots\}$

活动是实现产品开发任务、构成业务过程的基本组成单元,活动 a_i^j 中,i 是任务索引号,j 是活动序列号,根据任务不同,对活动进行分类或分组。

- 选择集合:$Se = \{s_1, s_2, \cdots, s_k, \cdots, s_l\}$

Se 为可能的子任务或实现任务活动的选择方案集合,$s_k = \{s_k^1, s_k^2, \cdots, s_k^n\}$ 代表一组具体的可供选择的方案。

- 决策集:$D = \{(t_1, s_1), \cdots, (t_i, s_k), \cdots\}$

决策集中记录的是任务对象和选择对象的关系,决策的结果产生任务对象。

● 约束集合：$R = <Rt, Ra, Rd>$

产品开发过程中的约束条件集合包括：面向产品结构和功能任务约束 Rt，面向活动过程的流程约束 Ra 以及设计和装配中的数据约束 Rd。

● 工作流程：Wf

工作流程是产品开发过程的实例化，是开发活动的组织结果。根据流程中活动性质不同，分为任务流程、协作流程和控制流程。

对复杂产品开发过程的分析与过程定义，为复杂产品开发过程的组织实施与建立支持过程规划技术的复杂产品开发过程模型奠定了基础。

2.3 面向过程规划的复杂产品开发过程建模机理

2.3.1 面向过程规划的复杂产品开发过程模型

复杂产品开发是多个企业或组织、多个资源群体响应、协同工作的过程，是过程规划下，企业充分利用自身资源优势并通过与其他协作组织建立战略合作伙伴关系获取产品数据过程。彼此协作、动态参与的开发组织，从宏观和微观两个阶段致力于共同目标下的产品开发过程。宏观和微观过程规划内容和对象覆盖并影响了复杂产品开发整个过程，指导并规范从概念产品到数字产品的转变与实现。协同环境下复杂产品开发过程如图 2-3 所示。

对新事务的认识总是经历由低级到高级、由感性到理性的过程，对事务的每一次正确认识都是对绝对真理的逼近，认识的目的在于指导实践。复杂产品的开发也是一个人们认识不断深化、产品特征不断清晰、产品数据不断完善的过程，面向过程规划的复杂产品开发过程正是基于这一思想进行设计和表达。

根据一般系统论中系统与环境的定义，如果把以若干相互关联但又不相同的工程对象系统为目标的工程活动看作一个过程系统，

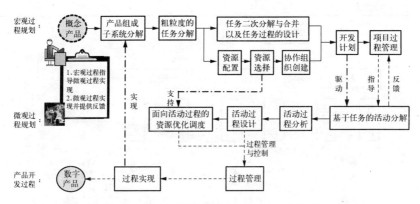

图 2-3 协同环境下的复杂产品开发过程

那么,由工程规划产生的工程对象系统体系是这个过程系统环境的重要组成成分之一。

对复杂产品开发过程的影响,既包括来自开发过程所处的外部环境干扰,也包括来自系统内部、依赖于设计对象不同所产生的、在设计过程中出现的各种各样的约束,它们共同影响并决定了过程规划所必须遵循的原则。基于产品组成、功能和行为的理解,进行任务分解、任务过程设计并为任务实现规划所需的资源环境、协作组织等的一系列决策和管理等行为本文将其定义为宏观过程规划;基于特定的任务、面向企业内部活动过程的设计和优化本文作为微观过程规划内容加以研究。依据这样的划分方法,支持上述过程实现、面向过程规划的复杂产品开发过程模型如图 2-4 所示。它从任务目标分解、组织建立、过程设计、过程创建四个层次,从宏观和微观两个过程直观、形象地展示了面向复杂产品的过程规划内容、过程及其逻辑组成结构。

首先,项目管理人员基于用户需求以及对产品组成涉及的专业领域不同,把项目目标 P 分解为若干个子项目或子系统;领域专业人员根据对子系统结构、特征与功能的认识和理解,特别是产品开发进度、领域擅长的不同,这些子项目、子系统被进一步分解为粗粒度、相

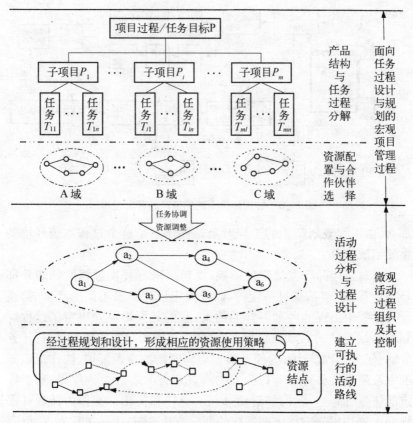

图 2-4　面向过程规划的复杂产品开发过程模型

对独立的一系列任务：$P_i = \sum T_{ij}$，其中，T_{ij} 与特定的资源或资源集合密切相关，$\sum T_{ij}$ 构成子项目目标 P_i 的任务空间，成为建立产品开发协作组织、规划协作区域、形成协作关系与协作规则的依据。这是一个面向任务过程的宏观项目管理过程。

　　经过分解后的任务过程经过二次组织（再分解或合并处理），沿着项目进展和产品数据形成过程，通过任务空间到活动空间的映射，遵循产品开发过程中的约束和规则,以任务驱动开发活动的方式,并最终交由活动组成的工作过程并通过工作过程调用相应的制造资源来实现和完成,这是一个基于约束的活动序列与过程的微观分析与控制过程。

总的来说,面向复杂产品的集成化开发过程中,基于产品结构或任务特征的目标分解和资源建设,保证了产品开发过程的敏捷性和并行性;依据不同任务要求进行的活动过程组织,面向参与产品开发的特定角色,在一定规则和产品语义约束条件下,形成产品开发路线,保证产品开发过程的完整性和实时协同性;通过管理并优化使用不同企业、不同区域的制造资源(包括服务),实现开发过程的快速性、高质量、低成本。

以前导型为主、同时又是实时的、宏观和微观相结合的决策过程,在宏观指导开发过程组织与实现的同时,根据微观过程进展和工程环境的变化不断修正、补充原有决策并不断形成新的决策过程。两种决策模式互为条件、相互补充,以管理科学、运筹学、行为科学和认知科学为支撑技术,共同维系了开发过程的和谐、有序和动态平衡,为建立相对完备的设计和开发空间,赋予开发过程系统具有驾驭全局过程的条件和能力。

在上述过程的描述中,面向过程的任务分解是资源共享与过程优化的前提和基础,任务分解一般遵循以下几个原则:

1) 弱耦合原则:分解后的子任务或任务集合要目标明确,语义完整,任务之间关联少,相对独立,拥有相对长的任务执行时间和边界条件明确的操作空间。

2) 任务粒度适中:任务粒度大,约束条件密集;任务粒度小,过于繁琐,可操作性不强;两种情况均不利于发挥资源协作优势。

3) 相似性原则:把同一区域、相同性质、由同一组织完成的任务尽可能安排在一起。

依据上述原则和过程完成项目过程或任务目标的分解与合并,为产品开发活动组织和资源优化使用技术研究,建立了基础并准备了条件。

从宏观和微观两个方面描述复杂产品开发过程,对于正确认识和分析复杂产品开发过程,实现产品开发过程的合理组织,充分发挥并最大限度利用不同企业资源形成协作优势,以有效控制产品开发过程、质量、进度和费用,是过程规划与开发过程建模的目的和意义所在。

2.3.2 面向过程规划的复杂产品开发过程模型分析

2.3.2.1 从宏观和微观两个层次认识产品开发过程

按照系统论的思维,组成复杂产品开发过程的任一子系统、子项目过程在相关的工程对象体系中都具有自己特定位置;相应的,每一具体的工程过程活动都在特定的工程过程规划的约束下进行。因此,复杂产品开发过程规划成为一系列具体子项目过程开展的先期工程。本文中,对复杂产品开发的宏观过程管理完成不同类型功能的工程对象规划,微观过程管理完成相同类型功能的工程对象规划。由于工程对象功能类型的差异是相对的,因此宏观和微观过程规划也是相对的。工程实践过程中,宏观和微观过程规划总是交错进行,并且都以工程系统论的理论和方法为指导。

在设计产品开发过程中,如果一开始就陷于来自外部环境的动态影响因素的制约,任务分解就难以进行。为了克服这一困难,任务分解首先把过程目标与动态干扰因素分离,划清系统与所处环境边界,目的在于了解整体过程与外部行为,同时使项目管理人员更好地了解影响过程的外部条件与约束。外界环境对开发过程的随机作用力难以用有规律的规则或约束条件表达,一般在项目宏观管理和执行过程中,通过建立相应的制度、采用经济调控等手段予以规避,尽可能的将干扰给过程带来的不利降至最低。

来自系统过程内部、依赖于设计对象和设计过程本身的约束,称之为工程内部约束,面向工程过程约束条件的求解而进行的过程设计和规划是本文研究重点。其中,根据开发过程中所处阶段和目的、对象的不同,分别从宏观和微观两个阶段或过程进行研究。从总体上讲,复杂产品开发过程是以串行模式进行的,但在实际运行中却包含着大量的并行过程,以一种混合模式进行,即宏观上的并行与微观上的串行共同存在,并行条件与程度取决于实际开发环境与并行约束的满意程度。

● 面向协同的宏观过程规划

项目管理最早始于控制论和系统理论的研究,如何最大限度地利用资源,在最短的时间内协同地完成任务目标所做的所有努力都可以划入项目管理规划和设计的范畴[84][85]。面向任务过程的宏观过程规划围绕产品开发任务过程描述、资源协作展开一系列分析,为产品开发活动过程实现建立所需的工作空间、资源环境和协作规范。根据任务粒度不同,任务过程规划在不同的层次上进行,如整机层、子系统层、零部件层等,每个层次结构相同:根据产品结构、语义关系[86][87]形成一系列具有顺序或迭代关系的任务过程。根据学科分类或涉及的专业领域不同,在每个分层又包括多个横向维。通常情况下,每个任务过程与特定的资源联系,共同支撑并驱动实现任务过程的产品开发活动或活动序列。

● 基于活动路线优化[88][89][90]的微观过程分析

经过设计和规划的任务过程只是一个静态模型,任务过程的一次实现称为一个任务实例,任务实例中的一系列活动称为一个活动序列,所有活动序列组成活动过程。在工作流程管理系统中运行任务模型,首先需要建立该任务模型的一个任务实例,并为该任务实例的运行提供所需要的操作空间、边界约束、演化规则、支撑数据,这是一个任务实例约束下的活动序列优化过程。

● 宏观与微观耦合中的异/同步过程规划

实现整体、协同、快速化产品开发过程,包括同步和异步两大类过程,纵横交错的将宏观与微观过程有序的组织起来。基于异步的任务过程规划,将产品开发任务快速而正确地传递给用户,从而快速地完成项目计划的实施;基于约束的微观活动组织过程,在计算机网络的支持下,使参与产品开发的用户和小组之间交互、协同、并行展开产品开发任务过程。在串/并行产品开发模式下,任务过程的规划与活动过程的组织,由于所处的层次不同以及在产品开发的不同阶段,宏观与微观过程的划分是相对的,随着计划的进展二者相互转换,相互影响;由于大量不确定、动态因素的存在,异同步的规划过程也是相对的,异步过程中穿插同步规划,保持开发过程的相对动态实时性;同步过程中穿插异步规划,保持开发过程的完整性。

异/同步过程的相互渗透和耦合,把复杂产品的整个开发过程中的企业行为、开发活动,置身于一个广域协同的网络中,使得超越传统部门、企业的合作和交流成为可能;宏观/微观过程分析技术,降低了开发过程管理的复杂性和难度,促使整个开发过程的组织和分析从无序走向有序,并最终收敛于目标产品。

按照以上规划原则设计的工程系统,为实现复杂产品开发过程的最优建造提供了可能,每个工程对象系统目标更加完整、明确,保证了整个协作范围内的工程资源得到最佳利用,同时也有助于工程经验的积累和工程技术的发展。

2.3.2.2 维持过程平衡的外部环境与内部动力

历经从宏观过程到微观过程产品开发,是概念中的工程对象系统到工程过程系统转换为实现的工程对象系统过程,与其他过程组织相比,工程过程规划表现了两个非常明显的特征:强目的性和必要性。一方面它要求所有组织成员都以工程过程的完整目标为最高目标,并在行动上相互协调;另一方面,几乎所有的工程组织都为他们的成员提供必要的自由度,必要的自由度为工程活动过程实现提供一定的条件、气氛、环境或空间,使所有个人或过程都有可能发挥其能动性和创造性。因此在工程过程对象从简单到复杂的、从混沌到有序开发与建造过程中,不可避免的面对内外两个环境,两者相互作用,共同维系了宏观与微观两个过程的动态平衡,并成为过程演化的动力。

● 外部环境

复杂产品开发工程过程系统面对的外部环境是企业变革动力的

外在表现,影响产品开发过程的外部环境包括:政治环境、经济环境、企业文化环境、工程心理学环境、市场环境等。

政治环境,是指一定历史时期以文化形态表现出来的、建立在一定经济基础上的政治格局,包括社会制度、政治体制、政策、法律、法规等。一个国家一定时期的政治环境保持相对稳定,一般通过制定相应的宏观调控政策影响一个行业。

经济环境,是指直接影响、作用于经济有机体的经济因子构成的市场环境,包括:经济发展水平、市场购买力、生产协作体系、生产服务体系、商品流通体系以及投资环境、创业环境、创新环境等。

企业文化环境,是协作组织在整体上表现出来的并非依靠行政力量而是依靠道德规范和习惯力量维系的精神、风格、作风和行为法则的集合,表现为:治学态度、工作秩序、民主决策、知识创新、价值取向等。它是影响工程过程及其结果的重要社会基础。

工程心理学环境,研究工程人员对工程系统、过程的外部环境和内部事件的心理反应、行为动机以及影响这些反映和动机的方法。就工程心理学对系统环境影响而言,表现为积极和消极两个方面。

- 开发过程系统演化的内部动力

毫无疑问,外部环境将对产品开发过程产生或直接或间接、或强或弱的影响和作用,但直接作用并推动产品开发过程不断发展演化的还是来自系统内部的发展动力,包括:各子系统以及构成子系统的技术、管理、资源、组织、资金、知识、数据等,这些因素之间的相互作用和耦合动力,协同促进了产品开发过程的发展。

外部环境的影响和内部动力相互作用,推动产品开发过程在变革中完成并实现产品开发任务。事实上,外部环境对过程的影响也是通过对计划、资源、资金等要素以内部作用力的形式反映和表现。同时,在规划产品开发过程内部动力因素、制定产品开发计划、形成产品开发过程路线的过程中,必须充分尊重外部环境可能带来的影响,尽可能地使规划过程适应环境的约束。外部环境与内部动力的耦合原理与过程,如图2-5所示。

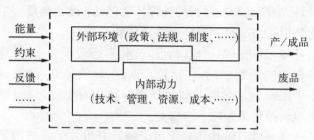

图 2-5　外部环境与内部动力关系耦合模型

　　影响产品开发过程组织的外部环境和内部动力,与产品开发宏观与微观过程规划相结合,共同作用并关注产品开发过程的每个环节,促使项目管理、项目过程具有高度集成性、相关性和环境适应能力。使产品开发过程表现出以最少的代价和时间延迟去适应变化的环境,保证系统始终沿着接近理想状态发展,对建立和维持整个开发环境的动态平衡和有序发展具有积极意义。

2.3.2.3　语义网络及其对开发过程的支持

　　产品结构的逐步清晰、产品数据的不断完善,伴随并推动着产品开发过程不断向前推进。在这个过程中,任务过程组织特别是功能过程与协作过程,依赖于产品对象语义结构、目标的语义关系。同时,由于产品开发过程中任务、活动和协作关系的动态性,基于特征的目标对象描述和基于活动状态的过程描述,成为产品开发宏观与微观过程的联系桥梁,是产品开发过程信息与数据共享的依据。

●　语义网络数学描述[91][92][93]

　　语义网络技术最初由 J. R. Quilian 在他的博士论文中作为人类联想记忆的显式心理学模型提出的。目前,语义网络已被广泛的应用于人工智能的许多领域,是一种表达能力强而灵活的问题描述和知识表示方法,并具有较强的推理能力,适于本文基于特征的产品组成对象及其关系表达。

　　语义网络源于描述人们对事物的认识,用结点表示类、实例和属性,通过有向弧,表示节点之间的关系。例如,结点和实例之间的关系用 IS-A(种属)、PART(部分)、INSTANCE(实例)、MEMBER-OF(成员)等表示。采用这种方法描述问题的优点在于:① 具有父结点与子结点、类与实例结点,便于实现面向对象技术;② 各结点之间通过有向弧,实现并建立有序、复杂的网状结构,便于描述结点之间的复杂关系或知识;③ 具有联想式推理能力,问题搜索能力强。一个最简单的语义网络用一个三元组表示:(结点1,弧,结点2)。

用形式化的语言描述语义网络:$SN = (O, P, f, \lambda)$,其中,O 示意了概念或队形集合,P 为属性集合,O、P 中的元素与语义网络中的结点对应;f 为 O 到 P 的幂集 $Q(P)$ 的映射,即:$f: O \rightarrow Q(P)$;λ 为集合 O 上的偏序关系,实际上就是语义网络中的 ISA 或 MEMBER-OF……有向弧。对于 $o_i \in O$,$i \leqslant |O|$,$f(o_i) \subset P$,当 $f(o_i) = \{p_1, p_2, \cdots, p_n\}$ 时,表示 O 具有 n 重属性,且对 (o_j, p_j),$j \leqslant n$,分别由语义网络中表示属性的有向弧表达,或通过性质继承属性求出[94]。

● 语义网络表示的语义关系

通过语义网络可以描述的复杂的语义关系包括:

1) 泛化关系:表达事物间的属概念和种概念之间的关系,下层概念结点除了可以继承、细化和补充上层概念结点的属性外,还允许出现变异的情况。

2) 聚类关系:下层概念是其上层概念的一个方面或一个部分,表达类型之间或值之间的关系。

3) 联合关系:表示个体和整体之间的关系。

4) 实例:表示个体的值与型的关系。

5) 推论关系:一个概念由一个概念推出。

6) 时间、位置关系。

7) 多元关系。

为了增加语义描述功能,引进关系类型句,其语法定义:

<关系类型句>∷=(<关系名>,TYPE|类型,<关系类型名>)

<关系类型名>∷=have(有)|similar(相似)|relation(关

系）｜belong（属于）｜position（位置）｜attribute（属性）｜property
（性质）｜exception（除外）｜……

通过对语义关系类型的添加，使语义网络拥有较强的联系推理
能力和对目标对象的描述能力，适于将复杂的对象和知识进行分解，
从而使复杂对象描述、复杂知识表达变得简单可行。

● 语义网络描述下的产品开发过程

在语义网络支持下，从宏观和微观两个层次描述复杂产品开发
过程中的任务与活动过程如图 2-6 所示。

过程语义描述了目标产品对象约束下任务间的关系、任务发生
的触发机制以及响应过程。目标产品对象之间的语义关联主要依据
产品语义网络中的产品类和关系类，它以规则的形式反映产品开发
事务之间的触发机制。语义网络支持下的产品开发任务及其协作对
象的选择过程为：① 产品开发任务 D1 被激活后，得到目标产品对象
信息 Ob1 及其属性特征；② 目标产品对象 Ob1 和产品语义网络中相
应的关联对象 Re 发生联系；③ 根据关联对象 Re 找到包含目标产品
对象 Ob1 的目标产品对象 Ob2；④ 含有目标产品对象的开发任务 D3
和协作任务 C2 被激活；⑤ 开发任务 D2、D3 和协作任务 C2 形成任务
过程；⑥ 根据任务间的优先级定义、事务期限、事件执行列表执行对
任务的响应过程，即活动过程；⑦ 完成事务处理过程，并终止。

语义网络对活动过程的支持，主要表现为基于活动的双语义约
束：时序约束关系和数据约束关系。时序约束关系存在于时间上有
邻接关系的两个活动之间，保证活动间的严格执行顺序；数据约束关
系是指开发活动 fa 的输出参数集合 $Out_{[fa]}$ 与活动 fb 的输入参数
$In_{[fb]}$ 之间在具体过程环境中的关联，即 $Out_{[fa]}$ 与 $In_{[fb]}$ 之间存在某种
函数关系 $F(Out_{[fa]}, In_{[fb]})$，则称开发活动 fb 数据约束于开发活动
fa。数据约束强调数据信息逻辑上的关联性，与活动执行的时序无
关。数据约束关系反映了产品的功能关系、行为关系和结构关系，采
用邻接矩阵表示活动间的数据约束关系为：DFA＝$\{a_{ij}\}$，当活动 a_i
与 a_j 之间有数据约束关系时，矩阵元素 $a_{ij}=1$；否则，$a_{ij}=0$。

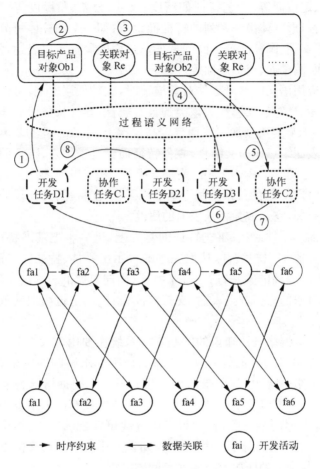

图 2-6　过程语义描述下的任务过程(左)与活动过程(右)

从以上定义和分析可以看出,基于特征的零件知识语义网络描述成为语义网络对任务过程与活动过程的描述的基础。组成零件的基本特征包括形状特征、基准特征、工艺特征等,其中形状特征又可分为主特征和辅助特征,主特征指构成零件的主要外表面体和内表面体;辅助特征指附属于主特征之上的特征。基准特征包括中心孔、

定位孔、定位面等,工艺特征如精度、尺寸、公差、粗糙度等。对形状
特征而言,形状体由一系列的特征面组成,如一个圆柱体可分解为左
端面、右端面、圆柱面等。面的特征通过面的属性予以表达,例如,平
面、曲面、圆锥面、成形表面等。

在应用语义网络对零件对象描述时,在较低层次上,可以将典型
表面作为父结点,其属性为该类的公有属性,零件特征表面作为子结
点,归属于某类典型加工表面。较高层次上,定义零件的基本特征体
和典型表面结点作为父结点,零件特征面作为子结点,特征面和基本
特征体之间是"PART"的关系,特征表面和典型表面之间是
"MEMBER-OF"的关系。基于基准特征、工艺特征、几何尺寸都与特
征表面有关,它们成为特征表面的属性。

在描述零件形状、工艺特征的基础上,进一步把基准特征、管理
特征与专家知识相结合,从而完善的表示出零件、特征体、特征面的
类、实例和属性的关系,适于基于特征、面向对象的技术的实现,获得
对目标对象的完整数据表达,支持产品设计、制造过程中的数据流动
需求。

用语义网络表达知识的问题求解系统主要由两大部分组成:一
是由语义网络构成的知识库;另一个是用于求解问题的解释程序。
在语义网络系统中,问题求解的主要过程是:根据所求解问题的要
求,构造一个网络片断,网络片断中的空节点或有向弧示意等待求解
的问题;根据网络片断,在知识库中寻找可匹配的网络,找出所需要
的信息。当问题的语义网络片断与知识库中的某种语义网络片断匹
配时,则与询问处匹配的事实就是问题的解。

以一个零部件的设计过程为例,阐述语义网络对该过程的支持
原理。首先,使用语义网络表示设计方案的功能要求,将设计实例库
中所有的设计实例的设计功能要求组成一个大的语义网络(O, P, f, λ),其中,O 为已有设计对象的集合;P 为所有设计功能项的集合;$f(o_i)$, $(o_i \in O)$,为每一个设计实例的功能项集合;λ 为 O 中设计对象间关系的描述。新的设计功能要求定义为(O', P, f', λ'),新的设

计对象 o_i'，显然，$o_i' \in O'$，并且 $o_i' \notin O'$，与 o_i' 对应的设计功能项集合 $f'(o_i')$，λ' 描述 o_i' 与 O_i' 中其他设计对象间的关系。通过 $f'(o_i')$ 在数据库中搜索所有的 $f(o_i)$，找到最类似的 $o_i \in O$，并且同时满足 $f'(o_i')$ 与 $f(o_i)$ 的最相似，则 o_i' 为目标设计对象的修改实例。在进行类比搜索时，偏序关系 λ' 帮助搜索过程，并将已有的设计对象要求与目标对象的设计要求属性进行对比，结果用一个 0～1 的实数表示，并标定为激活度 k，k 值越大表明越接近目标对象的设计要求。

语义网络分层描述目标对象技术原理，与复杂产品分层、分阶段的过程组织和实现相符合，满足了产品对象表达和数据共享的要求；基于语义网络的设计过程实现，促进了产品开发活动过程的敏捷性，为广域协同范围内的产品创新设计提供了有力支持。

2.3.2.4　宏观与微观两个过程的双向约束

面向复杂产品开发过程的规划和设计，实质和目的是在产品全生命周期过程管理中、在一定的约束条件下，寻求理论与技术上的支持，建立平衡的项目环境。时间、成本、绩效相平衡的三角形被称为是一种"魔幻组合"，是项目过程设计一直追求的合理组合。协同开发过程的顺利进行，在很大程度上依据项目计划所进行的平衡分析，平衡分析总是基于项目的约束而进行的。

复杂产品开发过程中宏观和微观过程定义是相对的，二者没有严格的界限。大致说来，宏观过程维护项目环境的平衡，为产品开发活动过程定义、运行、控制提供边界条件尽可能明显的操作空间；微观过程遵循宏观过程建立的约束和规范下组织企业行为，并及时响应活动过程中产生的新的需求和行为反馈，促使宏观和微观过程做出调整。宏观与微观两个过程的互动、双向约束与制约关系，成为产品开发过程前进的动力。

● 宏观过程对微观过程的约束和指导

宏观过程对项目实施中的资源、进度、费用、技术、质量、风险等影响因素予以设计和规划，宏观过程在为产品开发活动提供必要条件和服务的同时，也形成了相应的过程约束。宏观过程规划对象对微观过程产生的约束和影响如表 2-1 所示。

表 2-1 宏观过程设计内容对微观过程产生的影响

宏观设计内容	对微观过程形成的约束或影响
资　源	人员、设备、技术、原材料、文档、图纸、企业知识等的合理选择与使用
质　量	产品设计、制造、材料规格要求、接口与验收标准等制定和执行
时　间	研发进度要求、阶段验收,要求按期交货等约束
成　本	提供产品研发、外包费用,并控制在一定范围内
环　境	为目标对象提供测试环境、协同数据等支持
风　险	风险容忍度、风险不确定性控制在可接受范围内
管　理	保持协作沟通、项目沟通、接受研发费用、组织管理与监督;协助解决研发过程中可能出现的矛盾和冲突;通过合同的方式,明确规范双方的权利和义务
优 先 权	根据项目进展,接受一定范围内资源、过程等的优先权调整
资质信誉	要求协作单位和个人等具有一定的资质和信誉保证
其他要求	遵从相应标准、术语规范,提供完整的技术文档、操作说明等

从产品开发过程需要出发,宏观过程规划为产品开发过程的组织实施准备了必要条件,为提高产品质量、控制开发成本和按期完成开发任务提供了保障,有效预防了开发过程中可能出现的风险和潜在的冲突,提高了产品研发的一次成功性。

● 微观过程对宏观过程的实现和反馈

微观过程着眼于产品开发活动过程实现,是在宏观过程设计和规划区域和框架范围内,利用可用资源、在一定的组织范围内,围绕产品数据形成、进行开发任务和目标问题求解行为的总和。因此,产品开发微观过程从开发活动、企业行为上实现了宏观过程,同时由于宏观与微观过程的相互耦合和影响,微观过程对宏观过程产生一定的反馈或冲突。

产品从概念设计到制造的过程中包含了大量的非确定性因素,面向复杂产品的协同开发,情况更加复杂,产品开发过程中不可避免地存在一定的约束和冲突,这些约束关系直接或间接地影响了产品的形态和物理性能。复杂产品设计与开发过程就是多个工程变量约束求解过程,包括市场分析、原材料采购、产品成本控制、设计、加工、装配、配套、检验、销售、售后服务等覆盖整个产品生命周期以及与上述过程相关的人员、组织结构、企业管理等。这种求解工作模式,一方面支持产品开发中各学科、各职能部门人员的相互合作、相互信任和信息共享,实时交换设计信息和管理信息,尽早考虑产品整个生命周期中的所有影响因素,以便及早发现并解决问题,以期达到各项工作的协调一致和产品开发的一次成功,实现产品开发宏观任务目标、任务过程。另一方面,微观过程求解中,由于过程的复杂性或一些不可预料、无法预测的因素,导致约束问题的求解在自身能力范围内无法解决,或者虽然能够自我解决,但从全局角度衡量,问题的求解不是最优。对这类问题,往往依赖于上层约束条件的修正,如采用调整资源、计划、优先权或增加费用、技术更新与技术培训等手段,甚至是重组任务过程。通过对宏观和微观两个过程的动态调整,保持整个协同开发环境的平衡。

宏观过程调控与微观过程反馈相互作用的结果,一方面,通过灵活运用分层定位的方法,把抽象的难以控制的约束转换成具体的可控制的约束,通过控制低层的约束关系实现对上层抽象约束关系的有效控制,同时上层的约束关系为下层约束关系的建立提供了可靠的依据。另一方面,宏观过程与微观过程间的相互影响、双向约束,推动了整个产品开发过程的不断前进。

2.3.2.5 耦合过程中的协调机制与状态变换

并行、协同环境下的复杂产品开发是一个动态过程,宏观和微观相结合的过程分析和设计,共同担负着对动态环境的建立、维护和协调发展。随着工程系统内部状态和外部环境的发生,宏观和微观过程间的耦合关系既表现为渐变过程中的过程协调和控制关系,同时又表现为突变中的过程状态变换,如图 2-7 所示。

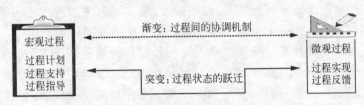

图 2-7　宏观与微观两个过程间的耦合关系

● 宏观与微观两个过程中的协调机制

　　在产品开发过程中,企业活动行为概括为两类:技术和管理[62]。简单地说,技术活动解决产品开发过程中物与物之间的问题,管理活动解决如何高效推进过程发展的问题,是人与物、人与人之间的关系问题。在整个产品开发过程中,宏观和微观两个过程的协调功能与机制,体现在技术和管理上的协调,彼此之间存在着各种各样的横向互补和相互支持关系。宏观和微观过程规划在工程实践过程中所起到的协调和控制功能,从技术和管理两个方面阐述如下:

　　技术上的协调功能,主要表现在:

　　1) 系统功能分析:根据工程用户要求、工程需求,分析产品设计过程中的概念和工程对象系统的可行性,分析组成系统各工程对象的系统功能、组成结构以及系统功能之间、结构之间、功能与结构之间的关系,并面向开发过程,进行系统组成对象、任务目标、协作范围界定。

　　2) 系统设计功能:在系统分析功能的基础上,根据工程对象的界定,规划各对象之间的约束因素,建立协作与约束条件,设计各目标系统、工程支持系统以及各自所属的子系统体系结构。

　　3) 结构与任务的分解与分配:对各子系统及以下各系统成分均

衡的进行结构分解、任务分配,并明确的分配设计指标要求。

4)协调与反馈功能:根据任务对象实现的可能性,通过建立相应的协作关系与环境,动态地调整相关子系统及以下系统成分的设计要求,在技术、设备、数据和测试环境等方面相互支持,并通过微观过程中的反馈机制,维系开发过程的动态和平衡发展。

5)集成功能:将已经实现的各系统成分逐级的集成起来,针对用户需求,评估系统实现程度,对发现的问题,及时提出修正意见或进行设计方案的调整。

与技术协调功能相适应,宏观和微观两个过程在管理方面所表现的协调作用和功能,主要体现在:

1)计划功能:基于对开发目标的结构和功能的理解,根据任务分解结果、任务过程组织、协作要求制定并安排工程活动计划,对活动目标、内容、资源、责任和权利在空间和时间上给予安排。

2)过程指导:对任务过程、活动过程、资源等的组织在思想、方法和技术上为管理对象提出建议、咨询、帮助。

3)评估与监督:通过系统结构和功能分析,随时测量工程环境、目标以及对产品开发过程带来的影响,评估环境变化可能产生的后果。检查并纠正目标对象或工作过程在进度、质量等方面出现的偏差和错误,提出警告,建立检查、监督和保障机制。

4)协调与决策:根据开发过程需要和反馈,协助并动态调整任务目标、开发计划、活动路线、指标要求,资源调度、优先权分配、结果评价等方面的冲突和矛盾,维系产品开发环境的综合平衡。

5)控制功能:根据预先设定的计划、进度、实施方案、约束规则等,发布指示和工作令,将工程活动过程和工作结果控制在允许的范围内。

6)知识管理功能:为产品开发过程中的知识创新培育环境,为工程组织内的知识传播和广泛共享提供途径和支持。

支持复杂产品开发的宏观和微观两个过程相互作用,从技术和管理两个方面为建立融洽、平衡的产品开发过程和开发环境发挥了重要作用。

● 宏观与微观过程状态的相互转变

复杂产品开发过程强调各环节之间最大程度的交叉、并行与协调,包括产品功能、制造性、可装配性、可靠性、成本和服务等内容,交替地实现设计、工艺、管理等活动。在设计过程的每一阶段最大可能地考虑到有关后续环节的约束,尽量在早期就协调解决这些约束。

并行设计是一个持续改善产品性能的过程,以设计早期的多次局部迭代、修改来代替串行设计中大的阶段和环节之间的迭代修改,这种局部的迭代和反复推动产品设计过程持续向前发展。

复杂产品开发过程的阶段性和层次性特征,使产品开发的宏观和微观两个过程随着开发过程的进展,不断发生着变换。对某一阶段而言的宏观过程,在另一个阶段中可能演变为微观过程;反之,在一定的阶段和条件下,微观过程也可能向宏观过程演变。尽管如此,存在控制和反馈关系的两个过程之间,在序列上存在先后关系,一般情况下,我们把宏观过程中的设计和规划行为称为前导行为,把宏观过程控制下的微观过程称为后续行为。基于约束的复杂产品开发过程中,前导行为和后续行为的转换条件,在后续章节中还有进一步的描述。复杂产品开发过程在一系列的状态变换中完成其螺旋式进化。

2.4 复杂产品开发过程规划实现的支撑理论与技术

2.4.1 自组织/被组织方法论对过程规划的理论支持

自组织是系统具有的基本特征。"协同学"的创始人、西德物理学家哈肯(Haken H)对"自组织"做了准确定义:"如果一个体系在获得空间的、时间的或功能的结果过程中,没有外界的特定干涉,我们便说该体系是自组织的。这里'特定'一词是指,那种结构或功能并非外界强加给体系的,而且外界是以非特定的方式作用于体系的"。[95]

自组织是任何系统都具有的基本特征[96]。整个自组织方法论包括：耗散结构理论、协同学、突变论、超循环理论、分行理论和混沌理论。耗散结构理论研究体系如何开放、开放的尺度，如何创造条件走向自组织等诸多问题。协同学方法论在整个自组织方法论中处于一种动力学方法论的地位，是体系自身如何保持自组织活力的重要方法论，研究竞争、协同、支配以及序参量等概念和原理，对于系统自组织的演化以及使得自组织程度越来越高，具有重要指导意义。突变论研究系统在其演化的可能路径方面所采取的方法论思想，临界概念、渐变和突变概念，以及对结构化问题的处理方法，对冲突的关注，对行动与理解的相互矛盾的关系揭示等，都具有重要的启示。超循环方法论提供了一种如何充分利用过程中的物质、能量和信息流的方法，提供一种如何有效展开事务之间以及结合成为更紧密的事务的方法。分行法研究事务从简单到复杂的自组织演化问题，表达了如何认识一个具有分形特征的物体或事务的方法论思想。混沌理论研究系统走向自组织过程中的时间复杂性问题。在本体论上混沌理论与分行表达的复杂问题构成一个问题的两个侧面，分行法研究事物走向复杂性的空间特性和结构，而混沌研究事物走向复杂性的时间演化特性[95]。

自组织方法论的进一步发展，哈肯在 1983 年第一次比较清晰的比较了"自组织"和"组织"概念在日常生活中的差别，并给出了关于自组织和组织的数学方程描述。清华大学吴彤教授进一步丰富了哈根的这一观点，认为：自组织系统无须外界指令能自行组织、自行创生、自行演化，能自主的从无序走向有序；被组织（即哈肯的"组织"）是指：在自然界和人类社会，存在着与自组织系统性质完全相反的另一类系统，它不能自行组织、自行创生、自行演化，即不能自主的从无序走向有序，而只能在外界指令的推动下组织和演化，从而被动的从无序走向有序。自组织/被组织概念对于认识事务的演化，特别是复杂系统的演化具有重要意义。自组织/被组织方法论在制造业研究领域中的应用，特别是对于帮助人们认识和分析产品并行开发过程及其组织、发展、演化和控制提供了坚实的理论基础。

在整个制造系统的层次上,从更长的时间和更广的空间来看,制造系统是自组织的,组成制造系统的各子系统在长期演化过程中,已经形成了一套有效的利用各种资源、物质和能量并且是利用率较高的循环方法和道路,而且已经证明制造系统按照自组织方式比被组织方式发展更为优秀。但在具体的某一个发展阶段、对某个子系统而言,总是不可避免的融入人的意志,以被组织方式去认识、管理和控制事务。事实上,人们对产品开发过程的设计程度越高、越符合制造系统所表现出的自组织特性,就越能促进制造过程的发展,这是自组织/被组织方法论在制造业研究领域中的应用和发展。

基于自组织/被组织方法论,分析并行环境下面向复杂产品的开发过程,具有以下特点:

1) 产品的设计和制造是一个开放的过程系统。产品开发过程、协作组织、制造资源、制造环境的开放,一方面使系统内部各部门、系统演化的各阶段存在物质和能量的交换,另一方面系统和外界环境之间存在物质和能力的输入输出。

2) 产品的设计和制造是一个复杂的系统。设计与制造过程的表达和组织复杂而且灵活,产品开发计划、人员组织、过程进度、资金与费用、制造资源、活动路线等的安排均处于动态变化之中,并且是可以被设计的。

3) 产品开发活动相互依赖。设计者需要及时从他人那里获得必要的反馈信息以调整自己的决策,需要一定的环境支持。

4) 设计问题往往是一种病态结构。病态的结构特征决定了设计过程是一个分阶段、有时候甚至是重复的、逐步逼近的过程,离不开人的参与。

2.4.2　过程优化设计中的决策分类与决策技术

多目标群体决策是决策研究中的重要问题,它以一个群体作为决策主体,根据各种规则、标准,运用各种技术手段,通过对问题的全面、综合分析,对决策问题做出最优或满意的抉择。这类问题的研究大致分为两类:一类是综合群体中各个体的独立判断,得出群体判断,进而给出群体方案的排序;另一类是直接综合群体中各个体的独立排序结果,得出排序[97]。应用群体决策技术能够充分利用群体的能力和判断,有效弥补单人、单一模式决策带来的缺陷,从而获得对问题更全面的认识或对方案更为客观的评价。

在对复杂产品开发过程的设计中,由于任务过程的分层和分阶段的特征,决策过程也相应地在不同层次和不同阶段中分析和考察被研究对象,一般说来,长时间大范围的宏观过程决策一般都有单一的决策目标,具有相对较少但比较明确和一致的约束规则或评价标准,这类问题的过程优化决策或过程评价,一般都是建立在组成过程的各个要素的优化设计基础上,通过各阶段、局部问题的优化设计,最终呈现整体的优化,这类问题的通常采用分层序列法、直接求非劣解法、多目标线性规划法、层次分析法等方法进行求解;在此基础上进行排序和选优。另一类问题是限于特定阶段、特定层次上的微观过程或行为中的决策,其特征是:拥有多个候选方案,目标属性多样,具有多个目标集合和多个决策群体。这类问题在微观过程优化设计中是普遍存在的。

为进一步分析这类问题的决策原理和过程,假设:被研究对象为 X,有 n 个决策方案,组成方案集:$A = \{A_1, A_2, \cdots, A_n\}$,每个方案有 m 个约束规则或评价属性,构成约束集合:$S = \{S_1, S_2, \cdots, S_m\}$,由 t 个专家或组织形成决策群体:$U = \{U_1, U_2, \cdots, U_t\}$,决策者的权重集为 $w = \{w_1, w_2, \cdots, w_t\}$,并满足:$\sum_{k=1}^{t} w_k = 1$,对 $\forall k = 1$,$2, \cdots, t$,$0 < w_k < 1$。产生对方案集 A 的综合评价或优劣排序。

决策群体中的个体对决策方案集的独立排序结果有两种影响形式,一种是决策者 U_i 直接给出 m 个方案集的优先序 $r_k = (r_{k1}, r_{k2}, \cdots, r_{km})$,$k = 1, 2, \cdots, t$,$(r_{k1}, r_{k2}, \cdots, r_{km})$ 为 1~m 个方案的全排列,r_{ki} 为 A_i 的标识号。这里,由于决策者的经验、能力、水平和对决策问题的熟悉程度不同等方面的差异,决策者对决策过程的影响力是不同的,这种差别通过决策者的权重来表示,设决策者的权重分别为：ω_1，ω_2，$\cdots$，ω_t，并满足：$\sum_{k=1}^{t}\omega_k=1$，对 $\forall k=1,2,\cdots,t$，$0\leqslant$
$\omega_k\leqslant 1$。另一种影响方式是决策者给出决策方案的排序权向量 $W=$
$(w_1,w_2,\cdots,w_t)$，并满足：$\sum_{k=1}^{t}w_k=1$，$0\leqslant w_k\leqslant 1$，$k=1,2,\cdots$，
t。ω_k 与 w_k 的取值含义和取值规则参照表 2-2 所示。在第二种影响
方式中，隐含着决策方案的优先序，因此，它所含的信息比第一种形
式丰富。但实际中，要求决策者确定方案的相对权重相对困难得多，
而决策者利用其实践经验则能相对容易的给出方案的优先顺序。因
而，第一种表现形式的应用更为普遍、更为灵活。正是基于决策者对
决策方案集的影响形式不同，形成了两种类型群体决策方法。

对上文第一类问题排序，利用模糊偏好条件下多目标群决策过
程描述如下[98]：

【定义 2-8】 定义二元模糊关系 $P_{ij}=\mu_p(x_i,x_j)$，P_{ij} 表示方案
x_i 优于 x_j 的程度。对模糊偏好优劣关系做如下定义，如表 2-2 所示。

表 2-2　模糊偏好关系及其样本取值定义

p_{ij}	x_i 与 x_j 模糊偏好关系定义
$=0.5$	表示 x_i 与 x_j 同等重要
$[0,0.5)$	表示 x_j 比 x_i 重要，p_{ij} 越小，表明 x_j 比 x_i 越重要，取值样本：0,0.1,0.2,0.3,0.4
$(0.5,1]$	表示 x_i 比 x_j 重要，p_{ij} 越大，表明 x_i 比 x_j 越重要，取值样本：0.6,0.7,0.8,0.9,1

【定义 2-9】 设，由模糊集 P 构成的模糊矩阵为：$P=(p_{ij})_{n\times n}$，
如果对任意的 i 与 j，存在 $p_{ij}+p_{ji}=1$，则称矩阵 P 为模糊互补矩阵；
如果对任意的 k，有 $P_{ij}=p_{ik}-p_{jk}+0.5$，则称 P 为模糊一致矩阵。

【定义 2-10】 设，有模糊一致矩阵，$S=(s_{ij})_{n\times n}$，$T=(t_{ij})_{n\times n}$，
取 $p_{ij}=\omega_1 s_{ij}+\omega_2 t_{ij}$，$\omega_1+\omega_2=1$，则称 $P=(p_{ij})_{n\times n}$ 为矩阵 S 和 T

的合成,记为 $P = S \oplus T$。合成矩阵具有以下性质:两个模糊一致矩阵的合成矩阵是模糊一致矩阵(证明过程略)。

【定义 2 - 11】 设,有模糊一致矩阵 $P^l = (p_{ij}^l)_{n \times n}$,$(l = 1, 2, \cdots, m)$,取 $p_{ij} = \sum_{l=1}^{m} \omega_l p_{ij}^l$,$\sum_{l=1}^{m} w_l = 1$,则称 $P = (p_{ij})_{n \times n}$ 为 m 个矩阵的合成,记为 $P = P^1 \oplus P^2 \oplus \cdots \oplus P^m$。

推理 2 - 1:模糊一致矩阵 $P^l = (p_{ij}^l)_{n \times n}$,$(l = 1, 2, \cdots, m)$ 的合成矩阵是模糊一致矩阵。

在以上定义的基础上,讨论决策过程。

1) 建立模糊一致矩阵。在每一个约束规则或评价属性下,形成 t 个模糊一致矩阵,一共有 $t \times m$ 个。

2) 在每个约束规则或评价属性下按决策者的权重将各决策者的评价模糊一致矩阵按推理 5 - 1 合成为多约束规则下群体的 m 个模糊一致矩阵。

3) 将群体的 m 个模糊一致矩阵按各约束规则的权重(权重设置参照表 2 - 2)合成为一个群体的模糊一致矩阵。

4) 用方根法、特征值法计算群体对各个方案的优先值;据此进行排序。

对第二种决策方法,常用的决策方法有"加权偏差平方和最小化方法"与"基于测度函数的 0~1 规划方法"[98]。对上述同一个问题,采用这种决策方法的过程分析如下所述:

加权偏差平方和最小化方法的基本思想是:若 u_i,$i = 1, 2, \cdots, m$,为方案 A_i 在群排列中的排序值,则 u_i 与各决策者对 A_i 的排序号的偏差总和越小越好,尽量兼顾每个决策者的排序结果,它通过两个步骤构成:

STEP1:在加权偏差平方和最小的意义下,建立优化模型。

$$\min Z = \sum_{i=1}^{m} \sum_{k=1}^{t} w_k (u_i - r_{ki})^2 \qquad (2.1)$$

求解公式 2.1 所示模型的最优解:

$$u_i^* = \sum_{k=1}^t w_k r_{ki}, \ i = 1, 2, \cdots, m \qquad (2.2)$$

STEP2：按照 u_i^*，$i = 1, 2, \cdots, m$ 的大小对 A_i 进行排序，获得排序结果 $r_g = (r_{g1}, \cdots, r_{gm})$，$u_i^*$ 越小，则 A_i 的序位越靠前。排序过程中，如果 $u_i^* = u_j^*$，$i \neq j$，则按公式 2.3 计算方差：

$$\partial_p = \frac{1}{t-1} \sum_{k=1}^s (r_{kp} - u_p^*)^2, \ p = i, j \qquad (2.3)$$

若 $\partial_i < \partial_j$，表明方案 A_i 比 A_j 优；反之，若 $\partial_i > \partial_j$，表明方案 A_j 比 A_i 优。

基于测度函数的 0~1 规划方法原理叙述如下：

Step1：构造距离函数。设，群排序为 $r_g = (r_{g1}, \cdots, r_{gm})$，考虑距离函数：

$$d = \sum_{i=1}^m \sum_{k=1}^t w_k (r_{ki} - r_{gi})^2 \qquad (2.4)$$

距离 d 反映群排序与个体排序的总差异，d 越小，则群排序与各决策者的排序总体差异越小，当使 d 达到最小的 r_g 为最终群排序。

Step2：基于测度函数的 0~1 规划。由于 $r_{gi} \in \{1, 2, \cdots, m\}$，因此不能用二次规划的方法求解 $\min(d)$，而需要通过建立测度函数，并通过 0~1 规划，将其转化为用离散方法求解。为此，令 $r_{gi} = j$，$j \in \{1, 2, \cdots, m\}$，构造距离矩阵：$D = (d_{ij})_{m \times m}$，其中 $d_{ij} = \sum_{k=1}^t w_k (r_{ki} - j)^2$ 为加权距离测度函数。通过 0~1 规划，求解 $\min(d)$ 的问题，等价为：

$$\min T = \sum_{i=1}^m \sum_{j=1}^m d_{ij} x_{ij} \qquad \text{s. t.} \begin{cases} \sum_{i=1}^m x_{ij} = 1, \ j = 1, \cdots, m \\ \sum_{j=1}^m x_{ij} = 1, \ i = 1, \cdots, m \\ x_{ij} = 0 \text{ 或 } 1, \ i, j = 1, \cdots, m \end{cases}$$

$$(2.5)$$

公式 2.5 中,目标函数 T 的系数矩阵即为距离矩阵 D,以 D 为效率矩阵,用匈牙利算法对 2.5 进行求解,记最优解为:$x_{1_{j_1}} = \cdots = x_{m_{j_m}} = 1$,$j_1 \cdots j_m$ 为 1,$\cdots$,m 的一个全排列,$x_{ij} = 0$,i,$j = 1$,$\cdots$,m,且 $j \neq j_i$,则最终群排序为:$r_g = (r_{g1}, r_{g2}, \cdots, r_{gm}) = (j_1, \cdots, j_m)$。

在两种决策模式中,最终的排序结果反映了在目标规则或过程约束条件下决策群体对被研究方案的一个从优到劣的排列,成为过程优化设计的重要参考和依据。

2.4.3　基于 Multi-Agent 的协同管理与决策技术研究

人工智能技术、网络技术、虚拟技术以及并行处理等技术的发展,特别是 Agent 技术的发展,为网络化产品开发提供了有力的技术支持。多代理系统是由多个独立的、相互协调的代理组成的计算系统,具有一定的问题求解能力,各代理之间通过特定的协议进行通信和协同,相互合作共同完成一个复杂的任务。

Multi-Agent[99][100][101] 对过程规划技术的支持,主要表现为对过程的协同管理与决策。协调与管理功能是 Multi-Agent 技术中的重要研究课题,它通过协调各 Agent 自身行为,合作完成共同目标。其中,协调体系结构的选择影响 Agent 执行中的异步、一致性、自主性和自适应性的程度;决定信息的储存和共享方式,以及 Agent 间的通信方式。

按照节点的分布方式,Multi-Agent 协作机制分为两种:集中式协调机制与分布式协调机制。集中式协调机制是指在 Multi-Agent 系统中,有一个专门负责协调管理的 Agent,该 Agent 只负责协调管理功能,而不执行具体的应用功能,其他应用功能 Agent 在协调 Agent 的统一管理下进行工作。分布式协调机制依靠各个 Agent 内部的协作部件和 Agent 间的协商完成目标功能,系统中没有专门负责协调管理功能的 Agent,只存在一些起辅助作用的中介服务机构,应用功能 Agent 内部本身具有协调部件,并具有较强大的协调功能。

两类机制没有严格的优劣之分,采取何种协调机制,与 Multi-Agent 的开放性和系统规模有密切的关系。一般而言,前者更适合于中小型 Multi-Agent 系统,而后者更适合于大型复杂的开放式系统。如图 2-8 所示。

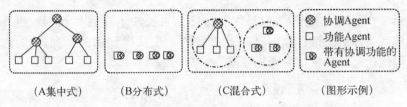

(A集中式)　　　　(B分布式)　　　　(C混合式)　　　　(图形示例)

图 2-8　Multi-Agent 系统中 Agent 协作方式示意

2.4.4　Web 服务及其相关技术

Web Service 采取简单的、易理解的标准 Web 协议,实现服务描述、发布、定位以及调用。Web 服务是自包含的、模块化的应用程序,可以在网络中被描述、发现、查找以及调用。从语义上看,Web 服务封装了离散的功能,在 Internet 上发布后能够通过标准的网络传输、控制协议在程序中访问。从使用者的角度而言,Web 服务是一种部署在 Web 上的对象/组件,体现了一种黑箱操作,开发者可以重复利用服务而无需考虑它的实现。Web 服务通过提供统一的接口标准,可以被一个应用程序内部使用,同时也可以通过互联网为外部应用程序所访问,而不依赖语言、平台和对象模型。依靠 Web 服务的支持,协作组织之间能够实时的访问不同部门、不同应用、不同平台和不同系统的信息[102][103]。

为了推动 Web 服务技术的进一步发展,W3C 组织定义了一系列与 Web 服务相关的标准,如 XML(Extensible Markup Language)、SOAP(Simple Object Access Protocol,SOAP)、WSDL(Web Service Description Language, WSDL)、UDDI(Universal Description,

Discovery and Integration，UDDI)[104]等。

XML 是一种能更好地描述结构化数据的元标记语言，作为 SGML(Standard Generalized Markup Language,通用标记语言)的一个子集。由于 XML 在可扩展性、简单性、开放性、互操作性、支持多国语言等方面表现出了优良的特征,较好地弥补了 HTML 在传输速度慢、信息获取难等方面的一些不足。对制造业而言,XML 的最大优势在于它提供了广域范围内被广泛接受的业界文档交互处理的标准,使不同性质的企业能够用不同的系统对不同的业务处理采用同一个标准协议,并逐渐成为 Web 上支持数据交换的一个标准。借助 XML 语言,能够使不同来源的结构化数据很容易的结合在一起,并使用户能够方便的对外部信息进行本地计算和处理,并允许按用户指定的方式显示。与其他数据传递标准不同的是,XML 并没有定义数据文件中数据出现的具体规范,而是在数据中附加 TAG 来表达数据的逻辑结构和含义,从而使通用的分布式服务与计算成为可能[105]。

SOAP 是一种基于 XML 的不依赖传输协议的表示层协议,不仅支持分布式环境中的远程方法调用,同时也支持富含信息和复杂数据类型的传输以及任意负载的消息处理。在 SOAP 的下层,它的信息传递方式可用 HTTP 做同步传输,也可以利用 SMTP 做异步呼叫[106]。SOAP 以 XML 形式提供了一个简单、轻量的用于在分散或分布环境中交换结构化和类型信息的机制,目标是允许使用标准化的方法在客户机和运行在 Internet 上的应用程序之间交换原文的信息。

WSDL 提供了一个基于 XML 的简单语汇表,用来描述可通过网络提供的基于 XML 的 Web 服务[107]。它用一种和具体语言无关的抽象方式定义了给定 Web 服务的有关接口和访问方法。

UDDI 通过提供标准的规范用于描述和发现服务,还提供了一组基于互联网的实现。从概念上说,UDDI 商业注册所提供的信息包括三个部分:"白页",包括地址、联系方法和已知的企业标识;"黄页",

包括基于标准分类法的行业类别;"绿页",包含关于该企业所提供的
Web 服务技术信息,其形式可能是一些指向文件或 URL 的指针,它
们是为服务发现机制服务的。通过使用 UDDI 的发现服务,可以注
册希望被别的企业发现的服务或资源。UDDI 商业注册中心在逻辑
上是集中的,而物理上是分布的,并由多个根节点组成,相互之间按
一定的规则进行数据同步。借助 UDDI 功能,使用人员能够方便的
获取 Web 服务信息,明确对方是否提供了自己所需要或相兼容的
服务[108][109]。

2.5　本章小结

　　通过揭示复杂产品开发过程的特点,研究面向过程规划的复杂
产品开发过程模型,提出从产品开发宏观与微观两个过程和阶段,研
究和规划产品开发全过程,对其支撑技术与建模原理进行了分析。

　　■　基于对产品、过程和资源三个要素构成的三维空间模型以及
该模型衍生出的两个视图分析,深入描述了复杂产品协同开发过程,
建立复杂产品协同开发过程模型。它支持自顶向下的产品开发任务
分解和自底向上的产品数据形成过程,提出从宏观和微观两个阶段
研究并设计产品开发过程,从形式上把任务组织过程与活动过程进
行分离;但内在通过产品语义、过程语义的定义使两个阶段紧密耦
合、相互影响并相互支持。为设计有序的产品开发过程做了有益
探索。

　　■　分析支持产品开发过程规划技术的支撑理论、方法与技术。
过程规划和设计技术融合了多学科门类,包括并行工程思想、自组
织/被组织方法论以及 Web 服务技术、Agent 技术、多目标优化决策
等技术的研究。

第3章 面向复杂产品开发的宏观过程规划技术研究

3.1 引言

复杂产品开发过程本身的固有复杂性以及过程实现中的人为复杂性,使产品开发过程表现了显著的有序性和无序性特征。产品开发过程中,在只考虑孤立的个体或子系统而不考虑它们之间的相互联系时,系统是无序的。然而,多数情况下,事实并非如此。开发过程的有序性是指开发过程的各要素在空间位置、任务序列、功能关系上遵守相对规定性的程度;相应的,作为它的对偶概念,无序是指这些要素在空间位置、任务序列、功能关系上违反相对规定性的程度,表现为空间位置、时序和功能关系上的相对不确定性、混乱性、矛盾性和随意性[62]。

理想的过程规划和过程设计包含在两个关键环节之中,一是建立协调与平衡的开发环境,二是设计合理开发过程并尽可能的优化。宏观过程规划的目的一方面是为了建立有序的任务过程;另一方面动态并智能的为微观过程优化准备所需要的条件,提供有效的资源、资金、物资和技术等的支持。创造轻松与和谐的开发环境是过程优化的基础,是维持项目过程和项目环境动态平衡的关键。

本章围绕产品开发过程所依赖的资源环境为核心内容,以建立有序、高效的协同开发环境为目的,展开相关问题的研究和叙述。在阐述宏观过程规划原理与技术基础上,分析产品组成结构和产品特征约束下的任务分解技术,进行任务过程设计;依据粗粒度任务分解的结果,研究资源配置原理以及基于双边博弈论合作伙伴选择原理。
这是一个前导型与实时决策相结合的过程,任务分解为资源建设提
供指导并提供了可能,同时根据过程进展和工程环境的变化后者给
前者带来一定的反馈。两种决策模式、决策过程互为条件、相互补
充,共同缔造适应柔性和协同过程的开发环境,维系了复杂产品开发
过程的和谐、有序和动态平衡。

3.2   宏观过程规划的作用对象与管理空间

并行协同环境下的产品开发过程中,宏观过程管理的主要内容
包括:基于产品结构特征进行任务分解,建立宏观上的任务流程;在
此基础上综合考虑产品研制过程所面临的环境、许可条件以及约束,
组织任务过程并创建候选资源域,参照资源构成形成协作开发组织,
从而为产品开发提供所需要的支撑环境。

经过规划后的开发过程,以资源支持的产品开发计划的形式呈现
设计结果,它在赋予开发组织和人员一定的产品开发活动空间,包括费
用支配、过程组织等的同时,也规定了他们为产品数据形成作出贡献的
义务。宏观过程规划涉及的对象包括对产品质量、研发费用、具有里程
碑意义的进度控制、工期、任务成果等一系列的约束内容。在实现这一
目标任务过程中,宏观过程设计和管理的对象空间如表3-1所示。

表 3-1   宏观过程规划与管理对象

规划对象	规划对象的详细内容及其要求
产 品	产品质量、交付件、用户培训、售后服务等
目 标	目标明确,具有一定实现性,预测风险并具有一定的抗风险能力,符合工程标准
任 务	体现工作分解结构,任务间关系明确,边界明显,指导资源分配,服从资源配置

规划对象	规划对象的详细内容及其要求
资　源	蕴涵丰富工程信息,工程知识,包括工程设施、物资、设备和服务保障
过　程	工程计划、并行工程、阶段转换、串行任务过程序列、工程进度、里程碑设定等
费　用	成本预算、资源调度、工作效率、成本核算
组　织	组织结构、团队协作、文化环境、激励回报、人员资格、角色、矛盾化解、培训
技　术	技术原理、技术方法、技术使用、技术支持

　　在宏观过程规划中,通过对规划与管理对象地分析和设计,从过程设计的整体性、创造性、风险性和技术上,分阶段、分层次地制定产品全局开发计划,支持产品开发过程模型,指导人们明确项目过程,根据项目目标制定理想的项目过程运动轨迹,建立管理控制基线,充分预估并妥善处理来自环境和项目内部的干扰,动态调整对过程产生影响的相关因素,组织、引导并促使项目发展的动力沿着预定的管理控制基线运动,最终达到或接近预定的设计或规划目标。具体地说,通过宏观过程规划,实现有序产品开发过程的意义体现在以下几个方面:

　　1) 具有完整、准确的目标,以目标驱动过程。完整、准确的目标是开发过程组织、活动实现的出发点和最终归宿。

　　2) 形成完整的工程过程系统。通过宏观设计和规划行为,将工程组织界定为由一系列的子系统组成的工程系统,不同层次、不同阶段的任务目标是通过这些子系统(或更低层次的子系统)相互作用实现的,它们缺一不可。

　　3) 综合考虑工程环境对过程的影响。对过程可能产生影响的环境因素包括政治、经济、军事、市场、竞争对手、用户等,这些外部环境对过程的影响具有一定的偶然性、个性化特征,有的时候表现微弱,有的时候又非常明显,甚至直接导致过程的失败。环境对开发过程的影响,依据类别和内容不同,宏观阶段体现在资源域的创建过程中,微观阶段以约束或规则的形式出现并作用于活动过程。

4) 保证过程的完整性和有序性。全面的过程设计和规划,保证任务目标、管理对象正向发展过程中的完整性、逻辑性、活动实现的有序性;同时保持了反向过程的可追溯性。

5) 过程与结果的统一性。完整的过程设计和规划,既重视结果,也重视对演化出这种结果的过程控制,因此,规划是过程实现的前导。

6) 规范个体行为,发挥个体的能动性。良好的过程规划,不仅重视以技术为内容的科学管理,同样也重视基于思维的人的行为管理,从而规范协作组织包括个体的行为,并为个体能动性的发挥创造条件。

7) 有利于资源的最佳利用。经过精心设计的过程,能够从全局平衡的角度出发选择、使用相应的工程资源(设备、时间、资金、信息等),并根据相对任务优先级或工作时间、区间调整资源分配,实现资源的最佳使用。

8) 保证过程的时效性。由于过程的动态性,任务计划的弹性,面向过程的管理总是在恰当的时间对被控制对象施加恰当的操纵作用以期得到恰当的结果,如强制性的完成、中止某一任务过程或目标等。

通过宏观过程管理对象的综合设计和规划,使复杂产品开发过程融合了管理者的成功经验、专家知识以及科学的方法论、现代化的管理手段,形成了柔性的项目过程组织策略;帮助项目管理人员、产品开发人员充分认识、综合分析影响产品开发过程的各个组成要素及其关系,以便于根据产品开发过程进展和环境变化能够及时进行决策调整,从而满足复杂产品开发过程的动态性和适应性要求。

3.3 支持宏观过程规划的决策原理

3.3.1 企业间的竞争与合作

竞争与合作是一对矛盾的共同体,二者同属于最基本的社会互动形式。竞争是双方或多方为了夺取同一目标而相互超越的行为，常表现为对于共同期望的稀缺资源的夺取而展开的竞赛、争夺和角逐。竞争既存在于人们之间的社会关系中，也普遍存在于生物界中。合作是社会互动中，人与人、群体与群体之间为达到互动各方都有某种益处的共同目标而彼此相互配合的一种联合行动，它反映了事物之间、系统或要素之间保持协作性、集体性的状态趋势，是对某种特定目标的联合行为，合作方有共同的对回报的期待。合作是物质进化、生命进化、社会进化过程中的一个重要机制。

美国哈佛大学商学研究院著名教授迈克尔·波特（Michael E. Porter）在1980年出版的《竞争的策略》（Competitive Strategy）一书中，提出了行业结构分析模型，即所谓的"五力模型"，分析了影响企业竞争的五种竞争力量：行业现有的竞争状况、供应商的议价能力、客户的议价能力、替代产品或服务的威胁、新进入者的威胁，五大竞争驱动力，决定了企业的盈利能力，指出公司战略的核心在于选择正确的行业，以及行业中最具有吸引力的竞争位置。

波特认为，在与五种竞争力量的抗争中，蕴涵着三类成功型战略思想：总成本领先战略、差异化战略、专一化战略[110][111]。按照波特的观点，这些战略类型的目标是使企业的经营在产业竞争中高人一筹。在一些产业中，这意味着企业可取得较高的收益；而在另外的一些产业中，一种战略的成功可能只是企业在绝对意义上能获取些微收益的必要条件[112]。当企业追逐的基本目标可能不止一个时，波特认为这种情况实现的可能性是很小的，因为有目的地贯彻任何一种战略，通常都需要全力以赴，并且要有一个支持这一战略的组织安排。如果企业的基本目标不止一个，这些方面的资源将被分散。

波特的竞争战略研究，为企业竞争优势研究做了有益的补充，分析了企业在拟定竞争策略时，企业竞争环境所面临的四个重要因素SWOT：优势（Strength，S）、劣势（Weakness，W）、机会（Opportunity，O）、威胁（Threat，T）[113]，如图3-1所示。

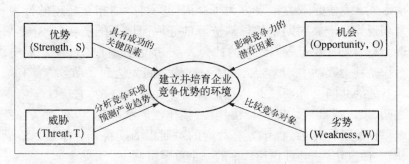

图 3-1 企业竞争环境中的四个因素(SWOT)

SWOT 分析,实际上是对企业内外部条件的各个方面内容进行综合和概括,进而分析组织的优势、劣势、面临的机会和威胁的一种方法。其中,优势、劣势分析主要着眼于企业自身的实力及其与竞争对手的比较,而机会和威胁分析将注意力放在外部环境的变化及对企业的可能影响上。但是,外部环境的同一变化给具有不同资源和能力的企业带来的机会与威胁却可能完全不同,因而两者之间是紧密联系的。

在分析企业竞争环境影响因素、培育企业竞争优势环境的过程中,建立企业间的三种竞争策略:成本优势、生产优势和时间优势。根据波特的理论观点,寻找"成本优势"与"生产优势"的最佳结合点,并采用"主动出击,先发制人"的时间优势策略,有助于企业改善自身的产品成本结构,扩大生产的多元化,改变企业不利的竞争地位,增收利润[114]。

随着经济全球化的深入,企业管理也从计划和生产管理过渡到战略管理。传统意义上的竞争是对抗性的,竞争战略的重点是在市场上如何击败对手和探寻击败对手的有效途径,建立起自己的竞争优势。伴随现代经济的发展,市场竞争的格局发生了巨大变化,全球竞争日益体现出相互依存的特点,企业之间的技术边界趋向模糊,彼此差距缩小,传统意义上企业孤军作战式的竞争已为企业间的竞争与合作代替。在市场经济条件下,竞争中的合作逐渐成为一种趋势。

根据传统的经济学理论,市场经济就是竞争经济,市场机制作为一个能够有效配置社会资源的运行系统,是竞争机制作用下的结果,竞争机制是由经济利益驱使而形成的市场主体之间的行为关系。竞争的基本特征是通过企业间的优胜劣汰,实现社会资源的优化配置。合作是企业在发生经济利益过程中按照一定的市场规则采取的一致性利益最大化行为,是经济竞争的结果或竞争的进一步延伸。1996年,哈佛大学商学院的著名管理学家布兰登伯格(Adam M. Brandenburger)和耶鲁管理学院的纳尔巴夫(Barry J. Nalebuff)合作出版了《Co-Opetition》[115]一书,首次提出了合作与竞争,并用博弈论描述包含竞争与合作两个组成部分的现象。同年,MariaBengtsson和 Soren Kock 也将既包含竞争又包含合作的现象称为合作竞争,并研究了企业网络的合作竞争。近年来,Kjell Hausken 研究团队间的合作竞争,认为利益主体间的竞争有利于利益主体内部成员积极性的提高,其他利益主体内的合作竞争情况也影响该利益主体内部的合作竞争程度。

这些研究普遍反映了竞争与合作间的一种博弈关系,强调同一关系的两个方面,独立的竞争者通过合作,强化竞争优势[116]。企业正是意识到合作的重要性,虚拟企业、企业战略联盟、供应链管理等概念和模式如雨后春笋般发展起来,在一定程度上验证了合作竞争博弈理论的正确性和有效性[117]。竞争与合作概括了企业之间经济活动、经济关系的性质,既是企业间建立协作关系、共同进行产品开发的基础,同时也是产品开发过程不断前进的动力源泉。

3.3.2　多目标的折衷平衡方法

最优的系统总是以最优的方法满足用户需求,寻求这种系统的方法叫做系统优化方法,一切人造系统都是以最优系统为设计目标。对复杂产品设计而言,由于过程的动态性、复杂性以及过程影响因素多、体现系统特征属性的多样性,在对过程的规划和管理行为中,当多个因素作用于同一过程,或多个元素共同影响产品某项性能指标时,决策过程并不是要求组成产品的各子系统在软硬件、性能、品质、材料等方面一味的高品质和高质量,而是在保证产品质量的前提下,采用多目标折衷平衡的方法,寻求系统整体性能、开发环境的最优。折衷平衡法是通过牺牲某些过程系统效用指标的局部最优性的同时使另外一些效用指标保持在可接受的门限值范围内,从而获得全面最优性的方法。

作为一种系统方法,在多目标决策过程[118]中采用的折衷平衡决策机制,主要基于以下两方面用户需求特性:一是评价复杂产品开发过程质量的指标有多项并表现多种属性要求,在一定的区域内,组成一个相对完整的目标体系,追求单一目标要求、属性的情况几乎是不存在的,即使各单一目标都是最优但系统表现的整体性能不一定最优;其二,衡量过程的指标一般并不都是相容的,而是存在一定的相互矛盾,为使一些目标属性最优,必然要求降低另外一些属性要求的最优性。例如:规划某一任务目标时,如果缩短产品研发周期,一般需要投入更多的人力、资源,增加相应的费用和成本,必要时甚至降低设计质量[119]。因此,采用折衷平衡法来规划产品开发任务目标的过程,也是一个基于博弈论的多目标决策过程。

折衷平衡法在决策过程中表现出来的性质,要求对目标属性既存在一个相对优先级序列,同时又应使优先级属性要求保持在某个可接受的门限值范围内。根据这种思想,我们可将规划过程的优化解释为:它不是寻求某个个别目标属性的最优(局部最优),而是在诸多目标属性值之间寻求某种合理的折衷和平衡,从而获得全过程的最优。

面向复杂产品的开发过程设计,存在多层次、多类型、多方面的折衷平衡,在获得相同或相似性能的过程系统中,不同的目标实现方案在物理上不仅表现为组成过程成分、类型的不同,而且还表现为相同成分或相同成分间的作用在技术参数选择上的差异,从而引起过程实现所要求的资源不同。因此,由内向外、由低层次到高层次把折衷平衡实现策略分为:参数、方案、目标三种类型,决策过程一般按如下次序进行：广泛枚举、广泛组合、广泛测试、广泛灵敏度分析、合理判断。通过这些步骤，为开发过程目标实现方案的选择和参数确定奠定了基础，有利于最终获得一个全局最优的产品或系统。

3.3.3 基于博弈论的决策原理

博弈论(Game Theory)又称对策论。它作为数学的一个分支，用于分析竞争的形势，这种竞争的结果不仅依赖于一个人自己的抉择与机会，而且依赖于其他参与者的抉择。由于竞争结果依赖于所有参与者的行为，每个局中人都企图预测其他参与者的可能抉择，以确定自己的最佳对策。如何合理地进行这些相互依存的战略策划就是博弈论的主体。1944 年，数学家冯·诺依曼和经济学家莫根斯特恩发表他们的著作《博弈论与经济行为》，标志着现代对策论(博弈论)的诞生。

博弈论研究相互依赖、相互影响的决策主题的理性决策行为以及这些决策均衡结果的理论。所谓博弈论，是指一些个人、对、组或其他组织，面对一定的环境条件，在一定的规则下，同时或先后，一次或多次，从各自允许选择的行为或策略中进行选择并加以实施，并从中各自取得相应结果的过程[120]。博弈论可以分为合作博弈论(cooperative game)和非合作博弈论(non-cooperative game)，两者的区别在于，在当事人行为相互作用时，能否达成一个具有约束力的协议。近年来，非合作博弈理论的研究在博弈论研究中始终占主流地位[121]。

博弈论的基本内容包括：博弈方、策略、收益、行动次序、信息和均衡。① 博弈方是博弈中独立决策、独立承担博弈结构的个人或组织，目的是通过选择行动或策略以最大化自己的得益。② 行动是博弈方在博弈的某个时间点或某个阶段的决策变量。用 a_i 表示第 i 个博弈方的一个特定行动，$A = \{a_i\}$ 表示可供选择的所有行动的集合。在 n 方博弈中，第 n 个博弈方的行动的向量 $a = (a_1, \cdots, a_n)$ 称为行动组合。③ 策略是博弈方在给定信息集的情况下的行动规则，它规定博弈方在什么时候采取什么行动。s_i 表示第 i 个博弈方的一个特定策略，$S_i=\{s_i\}$ 代表第 i 个博弈方的所有可以选择的策略集合，如果 n 个博弈方每人选择一个策略，n 维向量 $s=(s_1，\cdots，s_n)$ 称为一个策略组合。④ 收益是参加博弈的各个博弈方从博弈中获得的利益，它可以是一定数量的利润、收入，也可以是量化的效用、社会效益、福利等。收益是博弈方所追求的根本目标，是决策行为和判断、评价的主要依据。⑤ 行动次序对于博弈的结果非常重要，同样的博弈方和行动集合，行动次序的改变，将导致博弈结果的变化。⑥ 信息是博弈方有关博弈的知识，特别是其他博弈方的特征和行动知识。将博弈中各博弈方彼此了解所有信息情况下的博弈称为"具有完全信息的博弈"，把不完全了解信息的情况称为"具有不完全信息的博弈"。⑦ 均衡是所有博弈方最优策略的组合[122]。

1944 年出版的《博弈论与经济行为》建立了博弈论发展的初步理论。20 世纪 50 年代以来，合作博弈论的研究达到了顶峰，以 Tucker 的"囚徒困境"和 John F. Nash 的"纳什均衡"理论的出现为代表，奠定了现代非合作博弈论的基石。在随后的研究中，泽尔腾（Reinhard Selten）将"纳什均衡"的概念引入动态分析过程，提出了"精练纳什均衡"，海萨尼（John C. Harsanyi）则把不完全信息引入博弈论的研究，提出了"贝叶斯纳什均衡"理论。与传统的博弈论相比，这些新的研究被称为进化博弈论，成为当前博弈论研究领域中最热门和前沿领域之一。

按照决策者相互作用的行为方式，存在三种博弈类型：包括竞争博弈、合作博弈、合作竞争博弈。竞争博弈讨论竞争环境中单个自主采用行动的参与人的可能行动集合及其可能结果（行动组合）的偏好关系。合作讨论有个人偏好的参与人群联合行动的集合族，合作行动由合作方共同采取，不考虑参与人群内部的相互作用和合作细节。非合作博弈均衡在参与方反应函数（给定其他参与人的决策，各参与人最大化其支付的函数集合）的交点处获得，由于参与人自利，竞争博弈的结果往往是两败俱伤，其典型实例是"囚徒困境"和目前市场中存在的各种价格大战。合作博弈则通过合同、威胁、承诺等,假设各参与方形成一个没有任何矛盾的统一整体,因此合作均衡与垄断企业的均衡一样,力求获取高水平的产出,然而由于合作博弈没有考虑参与人的自利行为,合作体容易被破坏[123]。而合作竞争是有别于竞争博弈(囚徒困境)与合作博弈的一种新的博弈关系,强调同一关系的两个方面(合作与竞争),独立的竞争者可以相互合作,强化竞争优势。

伴随着博弈理论研究的长足发展,其应用范围不断扩大。博弈论进入经济学研究领域,改变了经济学发展的趋势:第一,研究趋向个体化,如消费函数、投资函数等一切从个人效用函数及其约束条件开始,解约束条件下的个人效用最大化问题而导出行为及均衡结果。第二,经济学越来越注重人与人之间的关系研究,特别是人与人之间行为的相互影响和作用,人们之间的利益与冲突、竞争与合作等的研究。第三,经济学越来越重视对信息的研究,特别是信息不对称对个人选择及制度、过程安排的影响。不仅在经济学研究领域,博弈理论在政治学、社会学、管理学、生物学、心理学、犯罪学、军事、外交、国际关系、公共选择和法律等学科和领域都得到了广泛的应用。

3.4　面向复杂产品开发的宏观过程规划

3.4.1　面向宏观过程规划的任务分解

复杂产品并行开发过程中,通过多学科产品开发人员的合作与协调,改进产品开发过程,从而优化设计过程。并行设计的实施不仅需要构建一个适应并行工作方式的计算机环境,而且还要重组产品开发过程和合理分配任务,把不同地点、不同子系统的多学科小组成员集成起来,建立分布式协同开发平台,并优化其结构,以达到提高效率、合理利用资源的目的。宏观过程规划中要按照一定的规则对开发任务进行合理分解、分配和组织,为微观过程组织提供决策指导。

3.4.1.1 任务分解技术研究的基础

任务分解的目的是降低产品开发过程管理的复杂性。产品开发是一个动态变化的过程,从并行工程的角度而言,设计过程只有细化到可操作的程度,才可能并行展开工作。过程规划对产品开发过程中的工程要素,如开发组织、目标、资源、方法和技术、过程活动、环境等进行合理组织和设计,组成一个具有丰富工程内涵的相关整体,指导开发人员采用适当的方法和技术,通过完整而且有序的活动过程将资源转化为预期目标。在这个过程中,面向目标的任务分解为过程设计和规划提供了条件,任务分解技术建立和实现的基础体现在以下几个方面:

● 对复杂产品组成结构及其开发过程的认识是一个循序渐进的过程

无论是获取结构或功能单一的产品,还是获取结构和功能复杂的产品,不管是过去、现在还是将来,主要有三种可供选择的途径:试验探索、工程途径和工业制造,其特征如表 3-2 所示。

表 3-2　获取产品的三种途径及其特征[43]

特征＼途径	试验探索	工程途径	工业制造
活动目标	不完全确定	目标相对确定	完全确定,唯一
使用的方法	探索性方法,存在一个广泛的选择方法谱	所用方法相对确定,并遵循一定的规范	完全程序化、规范化
活动场所	一般为试验室	活动空间较大	因产品而异
参与人员	较少	较多	因产品而异
目标期盼	期盼成功,但允许失败	要求基本成功,不希望失败	只许成功,不许失败
应用规模	较小	较大	较大

本文所研究的复杂产品开发,过程特征介于试验探索和工业制

造,遵从工程途径特征的目标产品获取活动。从人类获取产品的三种途径的比较可以看出,复杂产品开发特别是新产品的开发过程、所用方法并不完全为人们所知,产品复杂程度的提高,产品开发涉及的领域更加广泛,活动过程表现出了较强的动态性和无序性特征,人们对开发过程的认识是一个循序渐进的过程,包括产品结构、产品性能、特征、产品开发所涉及的方法、技术、影响因素、约束条件等。

● 复杂产品组成结构具有分层特征并且可以分解

尽管构成复杂产品结构的各子系统之间、子系统与零部件之间在物理结构、功能等方面有着密切的联系,但从系统体系结构分析的角度、从特定层次观察,复杂产品各组成结构具有明显的分层特征,并且允许根据各组成结构耦合程度、相关性的不同对系统结构进行分解。复杂产品分层的结构组成和可分解特征,简化了系统分析过程,并为复杂产品的协同开发和过程管理准备了条件。

根据面向对象的方法,复杂产品结构归纳为三个层次:包括产品模型、产品配置、材料清单。复杂产品组成结构的分层和分解是建立在产品开发预期目标和功能的聚合和分割基础上。在复杂产品开发目标体系、计划建立过程中,分割和聚合两种方法相辅相成,并且一般由功能或需求目标的聚合开始。在每一个层次上,被聚合和分割的功能和任务目标要与所处层次相适应。一般情况下,层次越高,被聚合的功能和任务越多,分割越粗糙;相反,层次低的,被聚合的功能和任务越少,功能分割越详细。这样做的一个主要原因是,如果在较高的层次上功能和目标分割得过细,往往会掩盖该层的主要功能,而在较低的层次上功能和目标分割得过粗,则容易淡化乃至丢失关键功能。

● 复杂产品开发是分阶段、按区域进行组织和实现的过程

复杂产品开发过程的一个重要特征是并行性,它从产品设计、产品制造全过程的高度,打破传统的部门分割、组织封闭的开发模式,强调多功能团队间的协同工作,重视产品开发过程的重组和优化。并行性重视产品开发过程的纵向集成,主要集中在一个企业或相同

的 Team 内部,按区域进行微观过程组织。随着 Internet 技术的发展和现代技术的发展,人们逐渐认识到并行工程的实质是基于并行处理的协同工作,并将这一概念横向扩展,建立"协同工程"概念,并根据这一理念从无序到有序的去设计开发过程。在分区域、并行组织、实现产品开发过程任务的同时,产品开发又是在全局计划下分阶段进行的,从市场分析到概念设计、初步设计、详细设计、工艺设计、加工制造及至销售和服务,从总体上说,这些阶段是以串行模式进行的。并行工程与串行产品开发过程模式相结合,自顶向下逐阶段推进整个开发过程,是一个先从全局到局部再从局部到全局的转换过程,这种固有顺序意味着宏观上的工程阶段不可以轻率跳跃,也不允许随意颠倒,具有典型的"瀑布型"模型特征。各工程阶段,不仅存在着正向的固有顺序特征,而且还存在后续阶段对前期阶段的反向校正作用。

在复杂产品开发过程中,并行、分阶段和迭代过程不可避免并同时存在,但为了提高产品开发效率,必须遵守严格的阶段过渡准则:在任务分解过程中,构造并建立产品开发项目的短周期阶段反馈工作分解结构,在工作分解结构的两阶段之间加入过程评估;在设计阶段,随时检查、充分预测后续工作可能出现的问题,尽可能减少长周期、大范围的迭代过程,从而有利于缩短开发周期,降低开发成本。

3.4.1.2 任务分解遵循的几个原则

根据一些特定准则(如物理、功能、逻辑、组织等)将复杂产品开发过程分解为一个系统体系,通过逐层分解、分析目标、任务及其关系,把复杂问题转化为一系列易于处理的简单问题,是简化复杂过程的一种有效途径。所谓物理分解是指按物理属性(如空间集中程度、结构紧凑程度等)所做的分解;功能分解是指按系统单元所起的作用差异进行的分解,由于物理单元与功能之间并非一一对应,因此功能分解与物理分解的结果可能相同,也可能不同;逻辑分解按逻辑上的隶属和因果关系所做的分解。对于复杂产品开发任务过程的分解,针对不同开发阶段、不同目标对象,往往采用不同的分解准则,并且

多类分解互补使用。任务分解不是唯一的,也不是随意进行的,为了保证分解结果的有益,一般按如下原则进行:

1) 任务分解结构要根据阶段和待处理的问题而异。根据任务链的隶属性、任务属性的多样性、任务所处的层次不同,建立不同的任务分解结构。

2) 弱耦合原则。子任务之间的关联要尽量少,即弱耦合。这对于产品设计开发以及制造中独立完成的可能性有很大影响。

3) 独立分解原则。同一层次上各个任务单元之间应具有尽可能大的相对独立性,每个任务单元具有最大的内聚度和最小的外部耦合度并能进行单独的设计、制造、装配和检验,外包子任务可作为"黑盒"处理,在任务过程中单独流通。

4) 层次分解原则。一个任务可以分解为多个子任务,子任务又可以分解为多个下层子任务,复杂任务可以分解为多个简单的、易于处理的任务;同时要求分解后的任务层次要有恰当的限度,层次太少,将使同层次上的单元太多,导致上层难以控制;层次太多,简化了层间控制,但增加了层间的控制数。

5) 均匀分解原则。分解大小、规模、难易程度要尽量均匀,避免某一任务执行时间过长,导致各服务节点负担不均,影响系统的整体执行效率。

6) 粒度适中原则。任务分解的粒度太大,子任务之间的耦合度必然增加,模块化设计及制造并行开展的余地就减小;任务分解的粒度太小,则会导致产品开发及生产制造的进度过于零碎,不具有可操作性。

7) 同类子任务合并原则。如果子任务集中有同类子任务,可将其合并为一个。

8) 在满足以上准则的情况下,同层次上的任务单元在物理、功能或逻辑上尽可能地保持某种程度的可比性和均衡性。

9) 客户分解原则。按照不同客户(群)进行任务分解。

由于产品开发过程的复杂性,以及任务属性、约束关系的多样性,任务分解过程需要伴随着实践过程不断学习、积累和调整,从而使产品开发的实际执行过程与理想过程保持最大程度的相似性。

3.4.1.3 任务分解过程及分解后的任务特征

组织和规划复杂产品开发过程,首先,需要对复杂产品研究对象有一个完整和相对清晰的认识,在此基础上才能展开对其实现过程的设计和管理。复杂产品开发过程的复杂性,并不是只有首先解决细节问题才可能最后解决全局问题,大量的工程实践证明,复杂过程问题的解决主要取决于自顶向下(top-down)对过程分析的程度。所谓自顶向下的方法,是优先考虑事务或过程的全局,继之再逐步细化的考虑它的局部的方法,是一种从宏观到微观、从整体到局部、从一般到特殊的处理问题的方法。采用自顶向下的方法对复杂产品开发过程进行任务分解,是对产品组成结构、功能、行为等的渐进式的、持续认识过程,对于指导对构成复杂产品的机械结构、电气控制、软件控制、行为分析等的分析设计,以及有效控制产品质量、开发成本,建立协作组织、准备制造资源、组织开发过程具有重要意义[124]。任务分解的方法和步骤概括如下:

Step1:面向产品生命周期的阶段划分。根据产品特征、项目管理经验,在尊重产品对象、开发过程所处环境要求的前提下,把设计过程划分为:需求分析→概念设计→详细设计→工艺设计→制造装配→检测等几个大的阶段,进一步细分各个阶段,如需求分析可进一步分解为:功能要求、产品价格、外围尺寸等。制定各阶段主要任务、交付文档类型,设定时间里程碑。面向产品生命周期的阶段划分按时间顺序纵向进行,从总体上把握和控制整个产品的开发过程。

Step2:基于产品结构,创建任务分解树。相互关联的一组零件按照特定的装配关系组装起来构成部件,一系列的零件和部件有机地装配在一起构成为产品。将产品按照部件、零件进行分解,部件再进一步分解成组件和零件,直到分解到不可再分为止,由此形成分层的树状结构,称为产品结构树。在产品结构树中,根节点代表产品或部件,枝节点和叶节点分别表示部件或组件、零件。通过建立零件与部件间的关联关系,表达产品结构组成的层次。在产品结构树中,每个零件、部件对象都有自己属性,例如零/部件标识码、名称、版本号、数量、材料、类型(自制、外购、外协件)等。产品物理组成结构、产品数据结构的树状表达如图 3-2 中左图所示,它既表征了产品结构组成关系,同时与产品数据形成过程相一致。以产品结构树为依据进行产品开发过程、任务的分解,满足了子任务间在装配、连接方面的要求。以产品结构树的理解和创建为基础,在不同层次从横向展开任务内容,形成并建立与之相对应的任务分解树,如图 3-2 中右图所示,产品开发过程伴随任务分解树的逐层细化而得以逐步完善[125]。

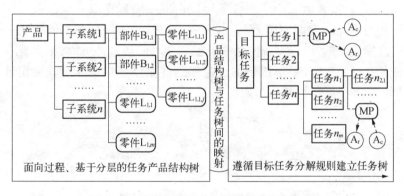

图 3-2 产品结构树与任务树间的双向映射

在任务分解过程中,产品结构树是创建任务结构树的基础;在产品数据形成过程中,以任务结构树为向导最终实现了产品结构。二者相互依赖,互相支持,共同构成了产品开发过程的两个方面。通常把基于产品组成结构和特征的认识和理解为基础展开任务过程的方法称为横向结构分解[126]。横向任务分解过程是基于较粗任务粒度并在一定层次上进行的。分解后,任务树叶节点的任务实现由进一步的微观过程完成,如图 3-2 中示意的微观任务实现过程 MP,它是在特定的协作组织内,经过任务创建(Tc)、任务接受(Tr)并经过一定的过程组织,通过一个有序的纵向活动过程实现任务目标要求。

Step3：粗粒度任务分解，是基于双边博弈论进行制造资源配置和资源选择的基础，衡量任务分解粒度的大小和细致程度，以能够充分满足资源配置和选择的要求为前提。通过资源配置、资源选择，一方面为产品开发、任务实现建立所需的资源环境，保证产品开发过程的顺利进行并达到预期任务目标；同时，通过资源配置和资源选择，重新评价并调整任务分解粒度、划分原则是否得当。任务分解和资源选择两者相互影响，存在双向约束，当两者发生矛盾或冲突时，一般按"先资源后任务"的原则双向调整，协商解决：

1）任务合并与任务分解原则。当任务属性相似、边界条件不能明确区分，或者两项或多项任务可以由同一资源完成并且任务之间有相对宽裕的时间间隔，则合并任务；反之，当某一任务不能由同一资源完成，或者可以完成但两次资源调用时间明显冲突时，则需要对任务进行二次分解，形成新的任务序列并重新确定资源及其使用计划。任务分解与合并原理如图 3-3 所示。

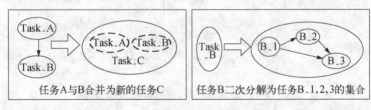

任务A与B合并为新的任务C　　　任务B二次分解为任务B_1,2,3的集合

图 3-3　任务分解与合并示意图

2）任务计划确定而资源使用明显冲突，往往通过增加新的资源或加大现有资源负荷，使之适应任务进度要求。

3）资源固定且唯一时，为了达到预期产品开发目的，则通过调整、修改相应任务操作空间、任务进度，与其他关联任务目标、过程、资源协商，在任务执行时间、人员、资金等方面做适当的补偿或让步。

Step4：在资源配置的基础上，结合任务过程规划需要，对任务分解方案进行逐一分析，遵循知识库提供的分解原则、专家知识以及工作流建模要求对任务、过程行进行二次分解或合并。通过宏观过程规划,细化后的任务树结构,既要满足项目过程管理的需求,同时为参与产品开发的各协作组织提供边界条件相对明确的操作空间,便于微观过程的设计和执行。

Step5:对分解后的任务及其过程进行评判和合法性检验,利用强分支搜索算法消除闭环,避免任务执行过程中可能出现的冲突。通过评价和检验的任务根据它所承担的功能、所在区域和资源使用状况形成不同的任务集合,从宏观上确定任务优先级,预测任务集的能力及其资源负载状况。对存在矛盾和冲突的环节,采用自顶向下的方法,逐层反馈,通过改变约束条件、任务分解粒度或调整至相关任务集策略代理执行,尽可能在较低层次的局部范围内解决,直至获得满意解。

面向复杂产品开发过程的任务分解与规划是一个复杂的过程,这种复杂问题的求解,一方面离不开现代科学分析方法和手段的支持,同时也依赖于成熟的管理经验和专家知识。在这个过程中,对产品结构和功能的不断深入认识和理解是分析问题的关键和基础。经过层层分解,得到一个关于开发过程的多层"金字塔"结构。如同在系统科学意义上使用的还原论方法一样,分层、自顶向下的方法强调每一层的相对独立和完整,并注重接口技术。

遵循以上原则和步骤,分解后的任务及其过程具有以下特征:① 任务可以是工程项目,包括外包项目、有形产品、服务等;② 任务可以被分解为子任务,子任务还可以进一步再分为更细的子任务;③ 任务分解方案并不是唯一的,不同的任务分解方案、不同粒度上的任务分解,其实现过程和方法不尽相同;④ 任务实现的资源可能有一种也可能有多种,每种资源根据各自的功能完成一个或多个子任务;⑤ 任务之间有直接或间接的联系,完成任务的各个资源之间也需要彼此联系,根据任务之间的约束关系相互依赖;⑥ 任务都有其特定的要求和目标,即具有一定的约束条件;⑦ 完成任务的资源既有目标一致性,又各自独立,彼此建立在竞争、合作与协调机制基础之上;⑧ 任务实现是一个动态过程,离不开一定的数据环境支持,并可能存在一些事先无法预测和预知的影响因素,因此任务分解具有一定的前瞻性,指导过程实现,同时也伴随着开发过程的深入而逐步完善。

3.4.2　建立在粗粒度任务分解基础上的任务过程设计

3.4.2.1　任务过程设计的必要性

面向复杂产品开发中的协作是全方位的,按照不同阶段和角度,可分为组织和资源协作、过程协作、信息协作等。组织和资源协作[127]是协同产品开发过程建立的基础,文献[128]、[129]把资源定义为企业中的全体职员、软件应用和各种设备的总称,这种定义更多地关注实现产品开发任务所需环境建设。过程协作是企业间协同产品开发的主要内容,体现发挥协作企业优势、协同的实现产品开发目标的客观要求。信息协作表现为产品信息共享和交换。信息共享是指信息使用者在一定的约束条件下对存储在集中式或分布式信息仓库中的数据进行的存取;信息交换是指协作组织或成员之间透明、不透明信息传递过程。协作组织之间在信息交换和共享的同时,也保持一定的自治性和私有性。任务过程设计,一方面为宏观过程中从任务过程到资源环境的规划建立了沟通的桥梁,另一方面它驱动了产品开发行为过程中企业之间的协作过程以及面向产品数据形成的开发活动。

有序、柔性开发过程设计系统在协同产品开发支撑环境中占有重要地位,与产品协同开发特征相适应,良好的柔性工作过程设计为工作流的灵活、高效、可靠运行建立了基础。它通过过程定义语言对过程模型进行定义和描述,提供在过程模型指导下实体、关系和属性的定义方法。就产品开发过程而言,由过程逻辑和任务逻辑两部分组成[130]。过程逻辑描述任务间的控制依赖关系,是对经营过程较高级别的抽象。任务逻辑着重定义具体任务执行时所需要的细节信息,包括信息对象、执行者绑定、事件处理器、应用工具等。过程逻辑与任务逻辑相互交织,共同组成并推动了开发过程的有序流动。

3.4.2.2　任务过程设计

任务是产品开发各个阶段所需完成的具有一定目标、语义完整、相对独立的长时间活动行为,是由具有一定关系的协作组织在特定期限内,根据给定输入、产生特定输出的过程。任务集合可定义为:$T = \{t_0^0, t_1^0, t_2^1, t_3^1, t_4^2, t_5^2, \cdots, t_i^j, \cdots, t_n^m\}$,$t_0^0$代表起始任务,起始任务不能由其他任务分解;$t_i^j$中 i 为任务标识号,j 为该任务的父任务标识号;$t_i^j = <G, At, S>$,G 为任务要完成的子目标功能集合,At 为与任务 t_i^j 相关的产品/零部件属性,S 为任务实现的条件和约束。任务模型工作原理如图 3-4 所示。

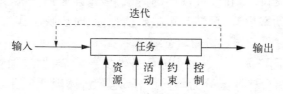

图 3-4　任务模型的工作原理

任务实现是在一定组织、设备等资源的支持下,由一系列企业活动实现,并受到相应的规则约束或控制。由于设计过程的复杂性,任务实现过程经常会出现反复迭代或反馈,与任务对应的企业活动可以是简单的操作,也可以由一系列活动构成的复杂操作,这些操作可以由一个或多个工作流模型来描述。在粗粒度任务分解的基础上组织柔性的任务过程,使之具有以下特征:

1)过程执行方便并与资源模型集成,对资源的动态变化和调整保持适当的灵敏度和裕量。

2)支持可视化流程建模与流程分析,过程定义语言形象直观,易于理解,能够帮助开发工作的分析和组织,以及对产品组成结构、特征和性能的深入理解。

3)支持任务的进一步分解和动态细化为活动过程。对产品开发过程中不同阶段的定义和描述依赖于不同粒度的任务分解,不同抽象级别的任务表示,与产品开发阶段的不同层次和范围对应,抽象级别高的任务能够逐步分解成更具体的任务及其过程。随着产品开发过程的纵向开展,细粒度的任务分解一般在承担任务实现的开发小组内、懂业务会管理的技术人员去设计并形成活动过程。这种具有分层特征的任务分解和活动过程设计,不仅符合人们认识事务的客观规律,而且便于过程管理和重用。

4) 由于产品结构本身的复杂性、人们对于产品结构和性能认识上的局限性和认识过程的渐进性、产品开发环境的动态性,有些任务执行和分解细节只有在过程运行时,在实时环境下数据和知识的支持下才能确定和做出决策。柔性的任务过程管理系统在专家系统、知识库的支持下,在任务规则的约束下,允许任务分解、二次分配以及流程的动态更改、反馈甚至重新执行,及时反映工作过程流状态,支持任务过程动态求精和动态细化。

5) 协同产品开发过程中的任务性质各异,柔性过程管理针对不同的任务执行特征区分为不同的任务类型,体现任务性质管理的完备性。从任务执行代理的类型来看,分为自动任务和手工任务;从任务粒度区分,普通任务、批处理任务、嵌套任务;从任务耦合性质来看,分为独立任务和协同任务;从事务处理的角度来看,可分为事务性任务、完全补偿任务、部分补偿任务、关键任务、控制任务等。不同任务性质类型是应流程中不同场景需求而出现。

6) 具有足够的流程表达能力,包括流程及流程间的交叉与并行关系、流程的控制等,从而满足产品并行协同开发过程组织的要求。

7) 提供包括产品数据、模型文件、更改通知、消息传递、告警等多种形式的数据与信息表达和传递能力。为了保证模型与信息的通用性,这些描述应该遵循统一的标准和规范,如 WFMC 的 XPDL 标准等。

通过对任务过程的设计,把整个协作组织的统一管理和个体自治有机地结合起来,按照并行产品开发思想把过程、资源、信息、应用、协作集成起来,成为活动过程组织和执行的依据,为冲突的解决提供了一个协同解决的环境。

3.4.2.3 任务间的时序约束与过程表达

就任务在过程中所处位置属性而言,可分为三类:起始任务、中间任务和终止任务,中间任务又分为紧前任务(前序任务)和紧后任务(后续任务)。根据任务在开发过程中出现的时间属性,任务之间的时序约束类型,概括为以下几种:

1) 超前关系:BEFORE(A, B),表示任务间的一种串行关系,A 任务必须在 B 任务之前执行,A 结束是执行 B 的必要但不充分条件。

2) 汇合关系:MEETS(A, B),表示一种顺序关系,B 任务必须紧接着 A 任务进行,A 任务结束是执行 B 任务的充分且必要条件。

3) 并行关系:STARTS(A, B),表示经过一个同步任务或任务过程后,A、B 任务可以同时启动。

4) 结束关系:ENDS(A, B),表示任务 A、B 共同完成后进入下一个同步任务。

5) 同步关系:SYNCHRONIZES(A, B),任务 A、B 被限定在一个完全同步的单元之间。

任务之间时序约束关系的定义,为任务过程的组织和表达做了必要的描述。然而严格执行任务过程,还需要具备一定约束条件下任务以及任务过程发生的前提和转换条件,即任务是在一定的过程控制下进行的。任务过程的控制,定义了两个或多个任务之间控制联系,解释了任务进入还是离开的状态转换机制。

用一个多元组描述一个任务过程为 $P(T) = <V, U, F, C, Ac, D>$,其中,$V$ 为任务过程的参数集,U 为该过程的所有任务过程单元集,F 为任务过程控制流程集,C 为任务过程的约束条件集,Ac 为执行任务过程的活动集,D 为任务过程拥有的数据集。

● **任务过程的表达**

分解后的任务结构既有时序上的前后序列关系,也存在空间上的分层与继承关系。因此,完整的任务过程表达,包括示意任务之间前后序列关系的流程结构,以及体现任务、子任务间继承与所属关系的层次结构图。从本质上说,任务流程结构是一种根据任务前、后序

列关系所决定的平面结构,是一种有向图。图 3-5 示意了一个任务
流程平面结构图。

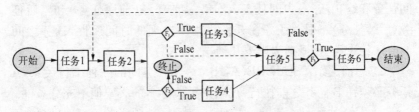

图 3-5 任务流程平面结构示意图

为了便于计算机信息处理,通过结构矩阵描述该任务流程。设
一个待描述的任务集包含 n 项任务,定义该任务集中任务流程的结构
矩阵:

$$T = [t_{i,j}]_{n \times n} \qquad i = 1, 2, \cdots, n; j = 1, 2, \cdots, n \qquad (3.1)$$

式中,

$$t_{i,j} = \begin{cases} 1 & \text{任务 } j \text{ 是任务 } i \text{ 的紧后任务} \\ 0 & \text{任务 } j \text{ 不是任务 } i \text{ 的紧后任务} \end{cases} \qquad (3.2)$$

根据以上定义,描述任务流程的结构矩阵由 1 和 0 组成,每一行
(列)对应一项任务。如果第 i 行第 j 列处元素为 1,表示任务过程中,
执行完任务 i 后将执行任务 j。描述图 3-5 所示任务过程的结构矩
阵 T 为

$$
\begin{array}{c}
\begin{array}{cccccc} t_1 & t_2 & t_3 & t_4 & t_5 & t_6 \end{array} \\
\begin{array}{c} t_1 \\ t_2 \\ t_3 \\ t_4 \\ t_5 \\ t_6 \end{array}
\begin{pmatrix}
0 & 1 & 0 & 0 & 0 & 0 \\
0 & 0 & 1 & 1 & 1 & 0 \\
0 & 0 & 0 & 0 & 1 & 0 \\
0 & 0 & 0 & 0 & 1 & 0 \\
0 & 1 & 0 & 0 & 0 & 1 \\
0 & 0 & 0 & 0 & 0 & 0
\end{pmatrix}
\end{array} \qquad (3.3)
$$

表达任务流程的结构矩阵反映了以下特征：包括了 n 项任务的任务流程,其结构矩阵至少包含 $n-1$ 个非零的元素;如果第 i 行(列)全部为零元素,则,第 i 列(行)至少有一个非零元素;全部为零元素组成的行(列)对应的任务是任务流程的起始任务或终止任务;任务流程中串联的任务是通过结构矩阵主对角线上方、连续的非零元素表示的;结构矩阵中,任务之间的并联通过一行中多个非零元素来表示的,非零元素的个数等于并联分支数;结构矩阵主对角线以下的非零元素表示系统中的任务反馈。

为了更直观和完整的描述任务流程,便于对流程的正确性、合法性和一致性检验,采用表格表示方法描述式 3.3、图 3-5 中的内容,并附加流程中分支和并行条件信息,如表 3-3 所示。

表 3-3 任务流程平面结构的表格表示方法

记录号	任务 ID	紧前任务 ID	紧后任务 ID	分 支 条 件
1	1	Null	2	Null
2	2	1/5	3	F1(True)/ & F5(False)
3	2	1/5	4	F2(True)/ & F5(False)
4	2	1/5	5	F1(False)/ & F5(False)
5	3	2	5	Null
6	4	2	5	Null
7	5	3	2/6	F3(False)/ F3(True)
8	5	4	2/6	F3(False)/ F3(True)
9	6	5	Null	Null

$$D = [d_{i,j}]_{n \times n} \qquad i = 1, 2, \cdots, n; j = 1, 2, \cdots, n \quad (3.4)$$

式中：

$$d_{i,j} = \begin{cases} k & \text{任务 } i \text{ 是任务 } j \text{ 的父任务}, k \text{ 是非零整数} \\ 0 & \text{否则} \end{cases} \quad (3.5)$$

与结构矩阵不同,分解矩阵为了记录任务和子任务的隶属关系,表达任务、子任务隶属层次,非零整数 k 是任务所属层的标识号,而不是平面结构矩阵中 1 或 0。例如,如果第 i 行第 j 列处的元素为非零整数 k,则表示任务 i 是任务 j 的父任务,即任务 j 是任务 i 的子任务,子任务 j 处于第 k 层。因此,在任务分解过程中,任务层标识号要预先定义,并且标识号唯一。

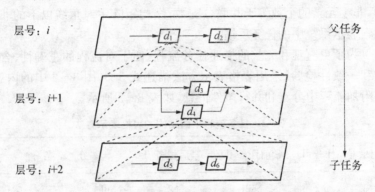

层号:i d_1 → d_2 →   父任务

层号:$i+1$ d_3 / d_4

层号:$i+2$ d_5 → d_6 子任务

图 3-6 包含多重任务隶属关系的任务流程结构

根据式 3.3、式 3.4 的定义,描述图 3-6 所示任务流程图的层次结构分解矩阵 D 为:

$$D = \begin{array}{c} \\ d_1 \\ d_2 \\ d_3 \\ d_4 \\ d_5 \\ d_6 \end{array} \begin{array}{cccccc} d_1 & d_2 & d_3 & d_4 & d_5 & d_6 \\ \begin{bmatrix} 0 & 0 & i+1 & i+1 & 0 & 0 \\ 0 & 0 & 0 & 0 & 0 & 0 \\ 0 & 0 & 0 & 0 & 0 & 0 \\ 0 & 0 & 0 & 0 & i+2 & i+2 \\ 0 & 0 & 0 & 0 & 0 & 0 \\ 0 & 0 & 0 & 0 & 0 & 0 \end{bmatrix} \end{array} \quad (3.6)$$

用分解矩阵描述分解后的任务结构层次关系,行元素包含子任务信息,列元素包含父任务信息。分解矩阵反映了以下结构特征:如

果任务 i 被分解为若干子任务,分解矩阵中第 i 行必然包括多个非零元素,非零元素的个数与隶属于 i 的子任务个数一致;如果任务 i 没有隶属于它的子任务,分解矩阵中的第 i 行全部为零元素;每一列最多有一个非零元素,非零元素所在的行是该任务的父任务,非零元素的值为其父任务所在的任务层标识号;如果第 j 列元素全部为零,表示该任务处于顶层,该任务不可再分,没有子任务。

与任务流程平面结构矩阵表达的原理类似,分解矩阵表达任务之间层次关系的另一个直观示意是采用表格表示方法,如表 3-4 所示。

表 3-4　任务流程层次结构的表格表示

记录号	任务 ID	父任务 ID	子任务 ID	任务层标识号
1	1	Null	3	i
2	1	Null	4	i
3	2	Null	Null	i
4	3	1	Null	i+1
5	4	1	5	i+1
6	4	1	6	i+1
7	5	4	Null	i+2
8	6	4	Null	i+2

矩阵表示法和表格表示法相结合,从时序和隶属空间关系上完整的表达了任务过程,用表格表示方法来存储和管理任务流程中的结构信息,示意直观并便于用数据库方式存储和管理相关信息,而在产品开发任务实现过程中,将结构信息转换为矩阵表示,便于计算机的快速处理[131]。

● 任务过程的演化控制和状态转换

任务关系的描述和表达只是一个静态过程,不能直接反映出任务过程的动态属性。通常,将开发过程中的一次任务执行过程称为一个任务过程实例。一个任务实例的设计和规划,依赖于任务之间时序约束类 Sequences 的定义。以包含任务 a 和任务 b 的任务过程为例,任务流程的演化原理与机制,用公式 3.7 描述如下:

$$Sequences(a, b, t, Con, S, Lim)$$
$$= \begin{cases} [\infty, 0], & t < E(a, Lim) \\ [Con(b, t), S(b, t)], & t \geqslant E(a, Lim) \end{cases} \quad (3.7)$$

其中,任务 a, $b \subseteq U$,任务 a 对任务 b 具有时序约束,任务 b 只有在得到任务 a 的完全或部分完成后的状态信息才能开始;t 为约束时间;Con 为约束时间 t 后,任务 b 的持续时间函数;$Con(b, t)$ 表示任务 b 在任务 a 执行约束时间 t 之后的持续时间;S 表示约束时间 t 后,任务 b 的状态函数;$S(b, t)$ 表示任务 b 在任务 a 执行约束时间 t 之后的状态信息;Lim 为任务 a 约束任务 b 的约束状态阈值,对于不同的时序约束,通过 Lim 的值调整任务之间的串行程度,即当任务 a 完成足够的状态信息后,可触发任务 b,从而最大限度的缩短任务之间的等待时间,提高串行任务之间的物理并行性,函数 $E(a, Lim)$ 用于返回任务 a 的状态超过对 b 的约束状态阈值 Lim 的最短时间。

满足约束条件下任务时序关系变换是任务过程流动的必要但不充分条件,严格的任务流程推进,还需要满足一定的过程前提和转换条件,即任务过程控制。

任务过程控制定义了两个任务过程行为之间的控制联系,设:B 为任务过程行为集合,C 为过程约束条件,P 为过程转换的前提集(满足约束条件和过程演化条件的集合),则定义过程控制流集合:$\Phi \subseteq C \times B \times P$。对一次任务过程实例而言,在某约束点转换处,存在任务转换行为 $b \subseteq B$,任务过程控制 $\varphi \subseteq \Phi$,令:任务过程控制 φ 的前导行为为 $F_1(\varphi)$,后续行为 $F_2(\varphi)$,过程控制转换条件 $F_3(\varphi)$。任务过程控制由 φ 的前导行为和后续行为唯一确定,即:对 $\forall \varphi, \varphi' \in \Phi$:$F_1(\varphi) = F_1(\varphi') \wedge F_2(\varphi) = F_2(\varphi') \Rightarrow \varphi = \varphi'$。由此,定义进入(式 3.8)和离开(式 3.9)任务过程行为的转换条件集合为[132]:

$$\Gamma \Rightarrow (b) = F_3\{\varphi \in \Phi \mid F_1(\varphi) = b\} \quad (3.8)$$

$$\Gamma{\Leftarrow}(b) = F_3\{\varphi \in \Phi \mid F_2(\varphi) = b\} \qquad (3.9)$$

正是基于任务时序关系行为的分析,通过结构矩阵和分解矩阵实现了任务序列与所属层次关系的描述,在阐述任务过程演化机制的原理基础上,给出了任务过程转换控制策略,实现宏观过程规划中任务驱动产品开发过程的完整描述。

3.4.3 面向任务及其过程的资源配置原理与实现技术

面向过程的任务分解为复杂产品的并行协同开发建立了基础,通过宏观任务过程的组织和设计,使产品开发过程中的人员、资源和过程的集成更趋于柔性、协同和优化。重组产品开发过程和合理的分配产品开发任务,把异地、不同学科、不同领域的资源和组织集成起来,构建分布式的协同开发平台,以达到提高效率和合理利用资源的目的,因此,基于任务及其过程的资源分配成为产品开发宏观过程规划的一项重要内容。

基于任务过程的制造资源配置是伴随着产品开发过程进行的,与开发任务进度密切相关,在资源分配过程中,需要进行几个关键的计算:① 任务时间参数。计算任务的最早/最迟开始时间、最早/最迟完成时间、任务自由时差等。任务的自由时差是指该任务在不影响其紧后任务最早开始的前提下,可以灵活使用的时间。② 确定任务之间的衔接关系。构成产品开发过程的任务、流程之间存在着或强或弱的联系和影响,并行产品开发模式,要求充分关注并明确任务间的协同与控制。③ 基于网络的开发过程优化。在建立柔性任务过程模型的基础上,预测产品开发过程中可能出现的问题和存在的风险,在人员、计划、资源、资金等方面及时做出调整,利用网络优势,使整个开发过程时间短、任务均衡以及最终产品的高质量和低成本。

面向任务过程的资源分配,把经过分解与合并的、操作空间相对独立的任务集合与适宜的制造资源相结合。由于不同制造资源在制造过程中的能力不同,按照一定策略为任务集合配置所用资源,实现并行环境下设计过程的协同,尽可能地减少资源间的交互,本文所述资源配置原理是在能够满足产品开发过程需要的基础和前提下,提出一种以资源最少为目标的分配算法[133]。

设:产品开发过程可用资源结合 $R = \{r_1, r_2, \cdots, r_m\}$,资源数为 m,资源状态集合 $S = \{s_1, s_2, \cdots, s_j\}$,$s_j$ 表示资源 r_j 的状态:

$$s_j = \begin{cases} 1 & \text{资源可用,处于被选中状态} \\ 0 & \text{资源可用,但未被选中状态} \end{cases} \quad (3.10)$$

若分解后的任务集合为 $T = \{T_1, T_2, \cdots, T_n\}$,任务—资源能力矩阵$(T\text{-}A)$:$A_{m \times n} = (a_{ij})_{n \times m}$,并有:

$$a_{ij} = \begin{cases} -1 & \text{资源 } r_j \text{ 可以完成任务 } T_i \\ 0 & \text{否则} \end{cases} \quad (3.11)$$

根据公式(3.10)、(3.11)得到资源优化配置模型:

$$R\text{-model} = \begin{cases} \min \sum_{j=1}^{m} s_j & s_j = 0, 1 \quad j = 1, 2, \cdots, m \\ (-A) \cdot S \geqslant (-b) & b = (-1 \quad -1 \quad \cdots \quad -1) \end{cases}$$
$$(3.12)$$

上式的等价优化问题为:

$$R\text{-model} \Longleftrightarrow \begin{cases} \max \sum_{j=1}^{m} (-s_j) & s_j = 0, 1 \quad j = 1, 2, \cdots, m \\ A \cdot S \leqslant b & b = (-1 \quad -1 \quad \cdots \quad -1) \end{cases}$$
$$(3.13)$$

这是一个典型的 0—1 整数规划问题,采用完全穷举法解决此类问题,需要计算 m^n 次。为简化计算过程,工程实践中通常采用分枝定界法进行求解,利用不可行度确定问题求解的下界,通过过滤掉不可行度高的分枝,减少计算量,算法过程如下[134]:

Step1:若,当前的活跃集(有效分枝节点)activeset=ô,则表明得到当前解,求解过程结束;否则,转下一步。

Step2:计算 activeset 中每一节点的不可行度 I,选择 I 最小者组为一个分枝节点 k,将 k 从 activeset 中去掉。

Step3:生成 k 的各分枝,并将其各个分枝节点加入当前的 activeset,转 Step1。

为使求解问题更具一般性,假设部分资源状态已经确定,用 W_k 表示 s_j 已被指定为 0 或 1 的变量的下表集,上述问题转化为

$$\begin{cases} \max \sum_{j \in F_k} C_j s_j + \sum_{j \in S_k} C_j \\ \sum_{j \in F_k} a_{ij} s_j \leqslant b_i - \sum_{j \in S_k} a_{ij} = T_i \qquad i = 1, 2, \cdots, n \end{cases} \tag{3.14}$$

其中,$s_j = 0/1$, $j \in F_k$, $F_k = \{j \mid j \notin W_k\}$, $S_k = \{j \mid j \in W_k, s.t. s_j = 1\}$, $C_j = -1$, $j = 1, 2, \cdots, m$。令:$Q_k = \{i \mid T_i < 0\}$,则有:

1) 若 $Q_k = \hat{o}$,则此时公式(3.14)的最优解为:$s_j = 0$,并且 $j \in F_k$,即:现有资源具有完成相应任务的能力,无需配置新资源。

2) 若 $Q_k \neq \hat{o}$,令 $R_k = \{j \mid j \in F_k$,且对于某个 $i \in Q_k$,有 $a_{ij} < 0\}$,取 $I_k(j) = \sum_{i=1}^{m} \max\{0, -T_i + a_{ij}\}$, $j \in R_k$, I_k 称其为不可行度,选择 $I_k(p) = \min_{j \in R_k} I_k(j)$,取 s_p 进行划分,并向 $s_p = 1$ 分枝,选择任务集 T_i 所对应的资源 s_p。依此类推,为其他任务集选择所需资源,并通过与其他分枝计算结果比较,从而确定最佳资源配置方案。

3.4.4 基于博弈论的合作伙伴选择与产品开发组织的建立

最佳资源配置方案明确了资源选择对象范围。并行环境下的资源管理包括宏观规划中的可用资源选择以及微观过程中的资源优化调度。基于博弈论的合作伙伴选择,借助一定的经济学原理、模型,通过对影响产品开发过程的约束条件和要素的最佳组合,以过程最

优和实现包括协作组织在内的企业利润最大化为目标，为协同开发全过程建立可供选择和使用的广域资源。这是本节研究的问题。

3.4.4.1　合作伙伴选择的实质是制造资源的选择

企业的全球化经济发展，给传统的生产和经营模式带来了巨大的冲击，制造业在竞争激烈的市场环境中，企业必须持续不断地追求产品的高质量和低成本，并迅速、高效的响应越来越国际化、动态和客户化市场驱动需求。从广义上说，制造资源是企业完成产品整个开发过程所依赖的物理元素的总称。随着信息技术、网络技术在制造业中的广泛应用，并行工程、敏捷制造、网络化制造以及基于网格的制造等先进制造技术和思想带动了制造业不断向智能化、网络化、虚拟化、敏捷化和集成化等方向发展，使新产品的研究、开发、设计、制造、销售和服务不再局限于一个固定区域；随着新产品结构的日趋复杂和多学科的交叉融合，制造资源的范围不断扩大，单一企业和组织常常受到技术和资源等方面的限制，很难独立的完成产品开发的全过程，它促使企业在提高自身核心竞争力的同时，充分利用现代先进管理思想和技术，进行企业间的协作和同盟，通过外部途径补充短缺资源，既开发企业现有资源，也发展未来的竞争优势，充分发挥各自资源和技术优势，从而获取整体最优的行业竞争力。

新的制造模式和哲理对资源的定义不尽相同，同时又不可避免地存在一定的相似：都围绕着产品进行，研究产品的整个生命周期，强调在统一的资源环境下逐步实现从企业内的集成到企业间的集成，包括：数据集成、应用集成、过程集成以及信息与知识的集成等。Robert M. Grant 在 1991 年出版的《竞争优势的资源基础理论：对战略设计的指导》一书中，提出了目前企业存在的六种资源类型：财务资源、物质资源、人力资源、技术资源、声誉和组织资源。并认为：在企业战略的层次水平上，有关经济范围和转移成本的理论，主要兴趣是研究企业在决定其产业和地理界限时，企业资源所扮演的角色；在业务战略水平上，对资源、竞争和收益关系进行探索，包括竞争性模仿、创新的可挪用性、不完全信息在竞争企业间产生不同收益中起到的作用以及通过资源累积过程保持竞争优势的方法。在此基础上形成了"企业的资源基础观",为资源基础理论应用建立一个框架,提出了企业资源战略公式化的五个步骤:分析企业的资源基础、评价企业的能力、分析企业资源和能力的潜在利润增长点、选择战略以及提升和改进企业资源和能力的不足。

　　制造资源选择是协同开发组织建立的主要参考依据,它为产品开发过程实现提供了必要的物质基础和技术手段。为了使制造资源更好地为协同环境下的产品开发过程服务,有必要对资源属性进行全面描述,并在属性描述的基础上对资源进行分类。通过对复杂产品协同开发过程特点的研究,我们认为资源的属性描述可分为两大类:即资源的固有属性和社会属性。资源的固有属性描述资源本身所固有的品质和特征,如资源名称、类型、功能、性能以及隶属关系等;资源的社会属性是资源在服务产品开发过程中所表现出的、带有显著社会活动性质特点的属性和特征,如资源运行和负载状态、任务特征等。制造资源的属性描述如图 3-7 所示。

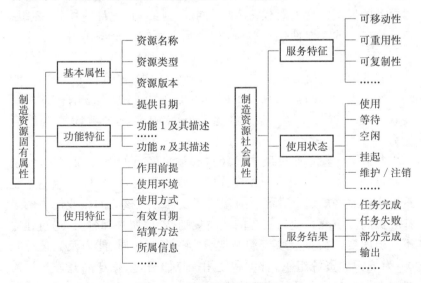

图 3-7　制造资源的属性描述

资源的固有属性是基于资源选择建立产品开发组织所参照的主要依据,它反映资源的静态属性;资源的社会属性是资源作为服务在资源使用过程中表现出来的性能和特征,反映资源使用中的动态性能。根据资源的属性特征,企业资源信息描述了企业两类信息:包括企业概要信息和与产品设计和制造相关的信息。概要信息描述企业状况,包括信誉、财务、人员结构、管理水平等,这些信息反映了企业生产状态和社会信誉,为资源优化配置提供有效保证;与设计和制造相关的信息包括产品信息、设备信息、工艺能力信息、技术与知识等。它们以资源为代表,贯穿于产品整个生命周期,共同反映企业对产品开发过程的服务和应变能力。

从过程管理的角度,对资源的分类主要是基于资源的社会属性不同,例如:根据资源在使用过程中是否移动的特性将资源分为可移动资源和不可移动资源;根据资源是否可重复实用的特性分为可重复使用资源和不可重复使用资源;根据资源能否被复制的特征分为可复制资源和不可复制资源等。尽管资源的分类形式多样,当资源以服务的形式出现的时候,一个共同的特征是它允许应用程序或用户根据自己的需要使用这些资源,而不需要知道资源本身的工作过程,甚至不需要知道资源所处的物理位置。因此,要求资源的提供者和组织者应尽可能地提供统一的资源调用标准,降低资源个性,在管理策略上支持不同应用具有不同特点的特性,并且由于有的应用需要联合多个资源节点,因而在过程设计中要充分考虑资源聚合能力[135]。

制造资源在企业发展中已经占有举足轻重的地位和作用,特别是并行工程和协同产品开发模式的出现和发展,使现代企业越来越重视企业战略规划中对资源的管理和以资源为核心的企业能力的设计和提高。研究企业对资源的战略规划、资源属性和分类,通过建立不同层次资源模型反映资源结构、形态、资源品质、能力及其运行状况,为统一的资源组织、管理和使用提供服务,依据产品开发过程需要实现敏捷制造资源的快速重构。

与产品设计和制造密切相关的制造资源是企业生产能力的集中体现,在动态网络化协同组织形成阶段,它是系统重构的重要技术依据。面向敏捷制造过程的资源分散于不同地域的企业或组织单元中,在资源重构过程中,系统通过对广域可用资源集成一方面对本地资源数据进行管理和维护,另一方面根据产品开发过程的要求,通过分析成本、交货期以及加工质量等予以动态响应,从而获取企业利润的最大化。

研究协同环境下资源的管理和使用,对产品开发过程和企业发展具有重要的战略意义:资源协作为产品开发提供最优化、高效率、低成本、低风险服务。从本质上说,充分挖掘并发挥资源协作优势是市场驱动、企业竞争的结果,是企业之间在互惠互利的基础上获取自身利益的一种手段和策略。对企业之间资源协作动力模型做如下描述:

广域协同的组织内,两个内容相似、功能相同的服务资源 R_1、R_2,设计开发产品功能的单位服务成本为 c,固定成本为 o,市场与服务需求之间关系表达函数为 $p = k - q$,式中 p 为服务价格;k 为常量,反映市场对服务的灵敏度;q 为市场对服务的需求量。在企业综合力量相同的情况下,企业间的产量决策相互独立。假设企业 A、B 对市场需求资源的贡献分别为 q_1、q_2,以及由此带来的企业利润分别为:

$$\pi_1 = pq_1 - cq_1 = [k - (q_1 + q_2)]q_1 - cq_1 \qquad (3.15)$$

$$\pi_2 = pq_2 - cq_2 = [k - (q_1 + q_2)]q_2 - cq_2 \qquad (3.16)$$

企业 A、B 获取利润最大化的一阶条件分别为:$\partial \pi_1 / \partial q_1 = k - (q_1 + q_2) - q_1 - c = 0$ 和 $\partial \pi_2 / \partial q_2 = k - (q_1 + q_2) - q_2 - c = 0$,解得:$q_1^* = q_2^* = (k - c)/3$,利润 $\pi_1^* = \pi_2^* = (k - c)^2/9$,A 与 B 利润和 $\pi^* = \pi_1^* + \pi_2^* = 2^* (k - c)^2/9$。

当 AB 以协作的形式致力于共同的市场需求时,总利润为:$\pi = q(k - q) - cq$,上式求解条件为 $\partial \pi / \partial q = k - 2q - c = 0$,解此一阶条

件表达式 $q=(a-c)/2$, $q=(a-c)^2/4$，从而企业 A、B 在协作后净收益为：$Q=(a-c)_2/4-2*(a-c)^2/9=(a-c)^2/36$。显然 $Q>0$，考虑企业间的协同效应，协作后企业的净收益将远远大于 $(a-c)^2/36$，成为企业间协作的强大动力。

3.4.4.2　基于博弈论的合作伙伴选择原理与模型

国际竞争的日趋激化，客户不仅要求一流的服务质量，而且附加了多样的"个性化"的要求，单个企业不仅难以满足客户提出的多样化要求；而且，随着市场的快速多变和难以预测，当企业面临新的市场机遇，它所面对的最大挑战是迅速设计出一套满足顾客个性化要求的方案；二十一世纪，越来越多的企业意识到，企业单凭个体资源与能力是远远不够的，企业之间由单纯竞争关系转变为协同竞争，彼此风险共担，利益共享。然而由于企业是独立的个体，独立经营、独自合算、自主决策，企业的各种行为都由利益驱动，其目的是获得自身利润的最大值，因此，企业并不会自觉保持良好的协作关系，而是受各种规则的约束，相互之间表现出来的合作或竞争是各种博弈的结果。

目前，在并行工程应用技术领域，基于博弈理论在虚拟企业的建立、合作伙伴的选择等方面做了大量的研究工作：Talluri S 在文献[136]中最早提出了一个基于两阶段的伙伴选择框架；清华大学冯蔚东博士在文献[137]中论述了基于遗传算法的动态联盟伙伴选择过程，认为虚拟企业合作伙伴的选择是一个多目标的规划问题，并给出了基于 GA 算法的数学模型；更多的研究者考虑到虚拟企业、敏捷制造的复杂性，大都采用多属性综合评价的方法展开相关问题的研究；文献[138~140]中论述了在以制造资源为核心的服务创建过程中指标体系建立问题，从经济学的角度讨论价格、时间、质量等要素间的关系。然而，协同产品开发组织和过程的分布、异构和动态特性，实现高效的资源服务使之有效地作用于产品开发过程仍然需要开展深入的研究。复杂产品并行开发过程中，产品设计和制造的单元化、结构化和面向特征的特点，在资源建立、组织、发现和使用等方面提出了越来越高的要求。协同开发环境中,由于资源为不同的所有者拥有并为不同的资源消费者使用,不同的使用规则、使用模式、负荷能力等存在较大差别。当资源越来越多的以服务的形式出现的时候,其表现出的经济学特征越来越明显,传统的以集中型为主的资源管理和使用策略已经不能适应新的要求,代之以微观经济学理论与模型管理和规范企业之间面向资源使用的新型协作关系。

1. 以"域"为单位进行资源创建的经济学原理

提高顾客满意度(Customer Satisfaction, CS)是现代市场营销的出发点和归宿,研究和满足顾客需求达到顾客满意,实现以利润最大化为最终目的的企业目标,成为现代市场营销学的核心内容。随着产品设计和制造向网络化和商业化发展,面向用户"服务至上"的观念在现代制造业中得到了普遍的认可。当传统意义上以企业为主题的合作伙伴选择演变为"为产品开发作出贡献、提供服务"方式的时候,传统的资源分配方法的研究,如 RSVP 资源预约、优先级调度等策略与技术研究,就不得不重新审视。通过引入价格因素,对资源服务提供方的用户支付和满意度进行重新评判,价格因素把服务质量与支付代价相关,利用价格杠杆调节资源供需平衡关系,影响用户选择,控制资源的分配,最终达到过程资源的最适度配置,在过程动态平衡过程中,获取供需双方最大的用户满意度。

参照任务集合中,完成任务的资源属性相同或相似建立以"域"为资源选择的基本组织单位。运用经济学原理讨论价格因素在资源建设中所呈现的合理性、有效性,国防科技大学的陈晓梅博士在她的博士论文中给予了充分的肯定,并从经济学原理的角度给予了论证。

● 价格因素促进了资源的优化配置。经济学研究中为资源分配提供了一种有效的机制——市场机制。一方面实践活动已经证明了市场机制有效性,另一方面理论研究同样证明了在非强制性指令计划情况下,市场机制能够获得近似最优的分配结果。

● 价格因素使资源供需双方自主决策。经济领域中,市场活动基于分布自主决策机制,市场中的每一个参与方根据自身掌握的信息,包括市场价格、发展趋势和需求等,自主的决定商品和服务的交易量化价格,个体理性使每个市场参与方总是围绕自身利益的最大化调整自身行为。正是基于个体理性假定,通过分布自主决策保持了市场供给和需求平衡。

市场为资源的服务提供了唯一客观评价标准。当企业资源成为一种服务并走向市场以后,就需要对资源本身给予恰当的市场定位,市场为之提供了客观、公正的价值衡量标准和环境。任何对需求的优先满足都意味着对其他业务给予了相应的限制,如果缺乏市场激励机制对资源行为进行限制,服务缺乏相应的规范和约束机制,就无从保证服务的质量。经济学原理为这种市场激励机制的建立提供了理论研究的基础。

2. 基于博弈论按"域"进行资源建设的经济学模型

依据经济学基本原理和模型,把资源管理情景抽象为资源生产和消费两类,生产者的目标是获取最大利润,而消费者的目标是在一定的约束条件下(如时间、预算、质量)获取尽可能多且优的资源和服务满足自己的需求。研究两者动态影响关系的经济学理论如:一般均衡理论、Nash 均衡、边际效用、用户偏好等[141]。Ferguson 等人在文献[142]中探讨了一般均衡理论和 Nash 均衡在分布式资源管理中的应用问题。

● 可用(候选)资源域中资源选择原理

对于任务集合 T 而言,对应的资源集合为 $M = \{r_1, r_2, \cdots, r_m\}$,定义资源代理向量 $X = \{x_1, x_2, \cdots, x_m\}$,资源代理向量集合构成资源域,$x_i$ 代表所分配资源 r_i 的数量。代理对资源分配的优先选择用效用函数 $U(x)$ 表示,它是资源向量空间到实际数值的一个映射。如果有两个资源向量 x_1 和 x_2 具有关系 $U(x_1) > U(x_2)$,则优先选择 x_1。根据微观经济学理论,如果优先权的排列是完全的、自反的、传递和连续的,那么一个连续的效用函数能够表示这种优先选择。

考虑资源使用预算,通过可行性集合或者预算集合表示:

$$B(\vec{P}) = \{x : \vec{P} \cdot X \leqslant w\} \tag{3.17}$$

其中，$\vec{P}$ 代表资源价格向量 $\vec{P} = \{p_1, p_2, \cdots, p_m\}$，$p_i$ 表示资源 r_i 的价格，w 表示预算上限，X 为资源向量。根据以下公式确定代理资源需求集合：

$$\phi(\vec{P}) = \{x : x \in B(\vec{P}), U(x) \geqslant U(x'), \forall x' \in B(\vec{P})\} \tag{3.18}$$

基于一般均衡理论讨论，研究基于服务价格的资源选择模型与原理[143]：

为便于过程描述，首先定义几个必要的向量：$A = \{a_1, a_2, \cdots, a_n\}$，表示 n 个应用代理构成的集合；$R = \{r_1, r_2, \cdots, r_m\}$，表示 m 个计算资源集合；$P = \{p_1, p_2, \cdots, p_m\}$，表示资源价格向量，$p_i$ 为资源 r_i 的综合能力的价值体现。这种基于价值的资源选择问题的解是一个矩阵：$f = [f_{ij}]_{n \times m}$，矩阵中的元素代表应用代理 a_i 对于计算资源 r_j 的能力的使用比例。定义矩阵 f 的可解行集合为：$F = \{f \mid 0 \leqslant f_{ij} \leqslant 1, 0 \leqslant \sum_{i=1}^{n} f_{ij} \leqslant 1\}$。以向量的形式表达矩阵 $f = (f_1, f_2, \cdots, f_n)^{\mathrm{T}}$，从而 $f_i = (f_{i1}, f_{i2}, \cdots, f_{im})^{\mathrm{T}}$ 为资源域代理 a_i 的资源使用向量。

引入效用函数 $U(x)$，$U_i(f_i) = U_i(f_{i1}, f_{i2}, \cdots, f_{im})$，用以评价对所选目标资源的满意程度。对具体以资源域的配置问题上，求解 f 下的总体效用为：

$$W(f) = \sum_{i=1}^{n} U_i f_i \tag{3.19}$$

● 最优解条件分析

求 f 的最优解，f 的最优解使得全部代理的整体效用最优。获得 f 最优解的充分且必要条件是：

1) $f \in F$；

2) 对 $\forall f' \in F$,有 $W(f') \leqslant W(f)$。

根据一般均衡理论,f 获得最优解,效用函数必须满足如下性质:$U_i(f_i)$ 是单调凹函数。

1) $U_i(f_i)$ 是凹函数。那么,如果 $U_i(f_i^1) = U_i(f_i^2) = U$,那么对 $\forall 0 \leqslant t \leqslant 1$,不等式 $U_i(tf_i^1 + (1-t)f_i^2) \geqslant U$ 成立,表明提高资源配置的满意程度需要在多个资源之间进行能力平衡。

2) $U_i(f_i)$ 是单调的。那么,如果对所有的 $j \in \{1, 2, \cdots, m\}$,有 $f_{ij}^1 \geqslant f_{ij}^2$。当存在 $j, j \in \{1, 2, \cdots, m\}$ 时 $f_{ij}^1 > f_{ij}^2$,则不等式 $U_i(f_i^1) \geqslant U_i(f_i^2)$ 成立,表明就某一资源域而言,资源越多越好。

● 预期收益分析

价格向量 P 约束下的域资源获取的预期最大收益,用 $B_i(P)$ 表示:

$$B_i(P) = \max_{f_i \in [0, 1]} [U_i(f_i) - Pf_i^{\mathrm{T}}] \tag{3.20}$$

求解 f 在价格向量 P 的约束下处于均衡状态,当且仅当:

1) 满足 $f \in F$,解是可行的。

2) 对于所有的域资源,有 $U_i(f_i) - Pf_i^{\mathrm{T}} = B_i(P)$,每一个资源要素在价格向量约束下获取最大预期收益。

3) 被选择的所有资源 r_i,有 $\sum_{i=1}^{n} f_{ij} = 1$,假定所选资源都被利用。

效用函数在满足单调凹函数的性质下,求解资源配置的均衡解 f 一定存在。在上述模型求解中,反映资源服务质量的价格向量是确定求解问题的关键。以"域"为单位创建资源过程中,通过价格反映并预期最大收益,是与产品开发过程管理实践相一致的。

博弈理论与复杂产品开发过程相结合,为基于博弈论的资源服务与资源建设提供了广阔的应用前景,成为虚拟企业组织建立的基础。它通过协同中的激励机制,维护并保持了资源供需双方的积极性,促进了资源市场的健康和可持续发展。

3.5 本章小结

　　本章深入分析了复杂产品开发宏观过程规划原理与作用机制，在支持宏观过程规划决策理论与技术支持下，通过建立并持续改善宏观过程管理对象空间，创造产品协同开发所需要的环境与支撑条件，为产品开发微观过程设计与实现建立了基础：

　　■ 在过程语义网络的定义和支持下，研究任务分解技术与分解原则，在粗粒度任务分解的基础上设计柔性任务过程，建立宏观任务过程研究路线。

　　■ 根据任务间的时序约束与过程表达，它以资源调用过程交叉最少、资源数最少、最经济为目标，研究面向任务过程的资源最优配置原理。

　　■ 与企业间竞争与合作并存的制造业新格局相适应，基于博弈论，运用经济学原理，面向任务过程实现，设计盟主企业、合作伙伴双方共赢的资源选择原理模型，实现以"域"为基本单元的资源建设，并基于此，创建复杂产品开发协作组织。

第4章 面向复杂产品开发的微观过程规划技术研究

4.1 引言

宏观过程中的任务分解与流程设计为并行产品开发过程组织提供了可能,资源域的创建为复杂产品开发过程实现在人力、物力和技术等方面准备了环境条件。面向复杂产品开发的微观过程设计着重解决两方面问题:一是规划约束条件对开发过程的影响和作用,使约束融入过程;二是分析并设计最优活动路线。通过任务的二次分解,制定详细的产品开发过程计划,划分不同角色并按角色进行任务分配,从而把产品开发任务转化为一系列产品开发活动。产品开发微观过程设计围绕产品开发活动过程组织策略研究,充分尊重产品开发过程中的约束和规则,为产品开发活动过程实现提供决策支持。

4.2 从任务空间到活动空间的映射

在复杂产品开发过程中,微观过程起源于宏观过程中任务流程规划的结果。任务流程设计最终是为了达到产品开发的目的,它通过约束条件下任务集合、过程的创建、流程的控制形成一系列的任务链。任务链,是指一系列任务的有序组织,它是形成和创建工作流的源头和指导核心。但无论是任务还是任务链,在产品开发过程组织中始终以静态过程组织模型的形式出现,任务流程对产品数据的贡献是通过产品开发活动体现的,任务流程是从项目管理角度解析开发过程,活动流程则从工作流角度实现该过程。从任务空间到活动

空间的映射激发了微观过程的起点,并成为过程演化的动力,如图
4-1所示。任务空间与活动空间的关联,把面向任务的流程设计与工
作流实现进行了有机集成,任务流引擎与工作流引擎的协同工作以
及与 PDM 系统的结合,实现产品开发的集成化过程控制。在产品开
发过程中,根据约束规则和专家知识,任务流引擎按照一定的推理方
法和控制策略计划任务路线,通过任务驱动与工作流引擎进行信息
交互。工作流引擎根据任务在活动空间中的映射关系,在协作范围
内围绕产品开发组织企业活动,通过协作组织内人员、技术、设备等
资源的广泛协作,响应任务要求,为产品数据的最终形成服务。

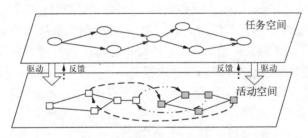

图 4-1 从任务空间与活动的映射

从任务空间到活动空间的映射是宏观过程规划指导微观过程设
计的一个具体表现。在这个过程中,遵循着一定的流程驱动规则,这
些规则成为推动流程的"源动力"。在任务流程驱动开发活动的过程
中,规则的制定与作用基于以下三种类型信息:

● 应用数据(Application Data):与应用程序输入/输出相关的
应用数据。应用程序所做的任务流程控制,一般通过 API 调用来
实现。

● 过程状态(Process State):执行过程中或执行完成后系统返
回的状态,如任务过程和事务的提交、等待、完成、失败、挂起、放弃等
执行数据以及程序的返回代码 TRUE/FALSE 等。

● 外部事件(External Events):外部事件或外部环境所引起或
带来的干预,例如:启动、停止、同步任务流程的外部事件,如消息、日

期、时间等。

三类使能信息的存在，使任务流程的设计不仅支持静态过程，而且还支持动态过程。基于应用数据和过程状态的信息是一个计算过程，从过程设计的角度看比较容易处理。外部事件由事件本身的性质决定，当外部事件作用任务流程时，可能需要向系统中引入事件推理和应付变化条件的能力，拥有"活动"触发机制。在本文中采用 ECA 规则[44]实现这种触发机制，用一个三元组形式描述为：$TF = <E, Con, A>$，其中，E 为任务所对应的事件集合；Con 为事件发生的条件集合，描述活动与活动之间的控制或约束关系，$Con = \{Con_1, Con_2, \cdots, Con_n\} = \{$必须执行($Mu$)，选择执行($Se$)，条件执行($If$)，$\cdots\}$；$A$ 为事件 E 在条件满足时触发的动作、关联事件或返回的状态，如成功(Su)、失败(Fa)、等待(St)，空($Null$)，等。任务与任务之间在逻辑上具有与、或、非、异或等关系。

例如：对于任务 TF_i 而言，由活动事件 e_{i1}，e_{i2}，e_{i3} 组成的任务流程，如图 4-2(左)所示，活动 e_{i1}、e_{i3} 必须执行，e_{i2} 选择执行，即使 e_{i2} 执行失败，流程仍可继续。基于 ECA 规则表示如图 4-2(右)所示。

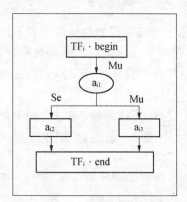

图 4-2　任务流程与基于 ECA 的规则描述

ECA 规则用来控制任务间和任务内部状态的转变关系，实现任务控制和任务路由，ECA 规则的定义关系到系统的性能，特别是全面捕获系统中有用事件能力,实现流程的高效运行。

在构建 ECA 规则过程中,系统定义、使用的事件类型包括:

1)任务状态的转变。任务包括多个状态属性,任务内部的状态转变是任务执行情况的反映,通过控制任务状态的转变可以间接地控制任务执行过程。相应的,产品开发过程中,工作流实例的执行结果也反映包含活动来源的任务状态转变上。因此,任务状态转变事件是控制柔性任务过程执行的最为重要的事件,状态转变事件与任务包含的状态属性对应,当任务进入或离开一个特定状态时,就会发出与之对应的事件。

2)时间事件。时间控制是指在时间事件监听器的支持下实现特定时刻对流程执行的自动控制。时间事件包括两种类型:绝对时间和相对时间。绝对时间事件在用户预先设定的时刻到来时触发;而相对时间事件需要用户设定一个时间参考点和时间间隔,时间参考点和时间间隔都允许用表达式定义。

3)异常事件。指流程进入不正常运行状态或由于错误而无法运行。系统对异常事件的处理能力是系统健壮性的基本要求,异常事件包括:解析执行任务异常、应用调用异常、条件设定异常、调用返回异常、过程结构异常等。

4)基于 XML 的消息。系统能够识别 XML 格式的事件消息,包括控制数据的传递和来自外部的 XML 事件,例如对过程的定义等。

在 ECA 规则中,由事件触发的活动或返回的结果称为动作,动作是流程控制的直接目标对象,其实质是实现特定功能的程序段,动作本身也可以是一个事件发生器。柔性过程设计和管理系统为用户提供了动作库,用于实现和控制流程的快速执行。动作库中的动作类型包括:① 流程控制类动作,处理任务状态变化和任务属性设置,从流程内部要素的角度控制开发过程;② 工作流实例的执行,对过程给以实现;③ 其他动作,如对过程表达式的求值、向指定地址发送消息、邮件等。

4.3 面向复杂产品开发的微观过程设计原理

产品开发过程实现、产品数据获取最终是通过开发活动实现的。在制定任务过程计划的基础上,把任务分解为活动过程,结合源于任务过程以及活动本身的约束关系,合理安排活动过程路线,对于产品开发过程的优化设计具有积极意义。

4.3.1 微观过程设计遵循的基本原则

在企业中设计并实施并行产品开发过程是一个涉及面广、技术要求高的系统工程,除了技术因素,还要考虑管理与组织等方面的要求。遵循如下基本原则:① 以企业目标为导向调整组织结构。传统管理模式使各部门具有特定的职能,重新构造过程要求打破职能部门界限,这首先需要调整组织结构。② 赋予产品开发人员一定的决策权力,以消除信息传递过程中的延时和误差,并一定程度上对设计人员起到激励作用。③ 取得公司领导层的参与和支持。高层领导持续性的参与和支持,能够明显提高产品开发过程成功的概率。④ 选择适当的过程进行重组。一般情况下,企业有许多不同的业务部门,一次性重组所有过程会导致其超出企业的承受能力。可行的方式是选择那些可能获得阶段性收益或对企业战略目标有重要影响的关键设计过程作为重组对象,使企业尽早地看到成果,在企业中营造乐观、积极参与变革的气氛,减少恐惧心理。选择典型的设计过程也有利于将成果向企业全部设计过程推广。⑤ 选择并采用适合制造业的组织管理支撑框架。

4.3.2 微观过程规划中的协同与微循环开发过程

面向复杂产品实施并行产品开发,在数据和时间两个方面体现"并行"设计微循环本质,它是一个逐步和反复迭代的过程。在产品开发总体串行的多数阶段,在每一个或某几个阶段中总是存在大量的并行过程,这些子迭代设计过程之和表达了整个过程,这些子迭代设计过程在产品开发微观阶段中的反映和表现被称为设计中的微循环,通常在一个企业内部、Team 或某一相对独立的任务过程下发生。

与传统的串行设计相比,发生在 Team 内的并行设计微循环过程主要有如下特点:① 在每个并行设计微循环中,借助中间主模型数据进行产品设计、工艺设计或制造资源管理。各微循环之间是并行的,但其内部仍然按串行方式顺序作业。② 不同于串行设计,并行设计微循环中的各个过程围绕同一个数据主模型进行,在共同的设计目标下以递增的方式分别产生设计数据、工艺数据和资源计划数据,在产品设计过程完成时,其他相关数据也几乎同时完成。③ 微观过程中的设计微循环强调产品的可装配性和可制造性评价,要求在不完整设计数据的基础上进行经济性、技术性和社会性等指标的评价,通过及时地反馈评价信息来指导后续微循环过程的工作。图 4-3 给出了以模型为指导的并行设计微循环过程示意。了解并行设计的微循环原理有助于进行产品设计流程的详细分析和产品设计和过程的优化。

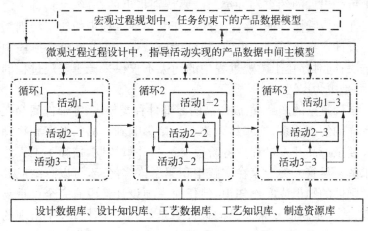

图 4-3　以产品模型为指导的并行设计微循环

对复杂产品协同与微循环开发过程而言,合理规划产品开发过程,优化活动路线,保持开发过程的连续性,使产品设计和制造阶段的各个环节紧密联系,为各阶段和环节的有效实施做了必要的准备条件,如:设计环节为制造阶段提供了充裕的准备周期,为企业采购、库存管理提供了明确的信息。更为重要的是,它把传统的产品开发过程中的设计图纸、设计文件、工艺文件等的多次反复修改大循环转变为任务内部的、以设计评审和反馈优化为特点的局部小循环。因此,优化设计产品开发微循环过程,建立符合并行工程要求的活动路线,提高产品一次开发成功率,在缩短产品开发周期,提高产品质量,降低开发成本等方面具有极其重要意义。

4.3.3 影响产品开发微观过程的相关因素与约束

4.3.3.1 影响和约束产品开发微观过程的因素

产品开发过程尽管目标明确,但由于产品从概念设计到制造的整个过程中包含了大量非确定性影响因素,特别是复杂产品的协同开发过程,情况更加复杂,这些影响因素的存在,表现为产品开发过程中可能出现的约束和冲突。需要特别指出的是,约束具有一定的阶段性和持续性特征,存在于产品开发宏观过程中的约束特别是与产品设计本身相关的约束,往往延续至微观过程并在这一阶段中得到解决;同时存在于微观过程中的约束不仅仅来源于宏观过程的影响,而是更为广泛。

结构复杂的产品,组成产品的零部件种类繁多、零部件间存在各种各样的约束关系,这些约束关系直接影响到产品的形态和物理性能。复杂产品开发过程中各阶段交叉与并行协同,依赖于工程约束的求解。尽管人类专家在实践中积累了许多经验,可以总结成具体的原则性的知识或实例知识,但任何一项设计都没有完全可重复的先例,特别是新的复杂产品的设计更是如此。设计过程中出现的各种各样的矛盾,发展到一定阶段就会产生冲突。冲突是指在多个相互关联的对象之间存在的一种不一致、不和谐或不稳定的对立状态。

这里的对象包括设计对象、设计意图、产品开发过程、产品开发人员、多学科小组和资源等多种具有一定的信息结构以及相关属性的信息实体或功能实体。

导致复杂产品开发微观过程中出现冲突的原因或影响因素多种多样,例如:① 由于不同领域设计人员知识水平不同导致局部设计结果之间不一致,或设计结果与总的设计目标不一致,如各协同小组间的设计信息常常相互耦合,在设计过程中相互依赖的设计信息是动态变化的,有时是互相矛盾的。② 由于不同领域、不同部门设计人员的利益不同,做出的设计假设不同或对设计进行评价的标准不同,导致局部设计结果之间不一致,设计方案或设计属性无法同时满足一定的功能目标、可制造性目标或可装配性目标,导致局部设计结果之间相互矛盾、互不协调。③ 设计所需资源不足,或对不可共享的有限资源调配不合理时,导致多个设计任务争夺同一资源而产生的冲突。④ 设计数据错误。例如设计模型不正确、辅助设计工具使用不当或环境变化导致设计过程模型不能如实反映实际的产品设计过程,造成输入不正确原始设计数据。⑤ 不同学科领域使用不同的技术词语,在互相交流中缺乏一个共同的知识表达方法和一致的设计对象模型,使得一个领域的知识和信息不能正确传达给另一个领域的专家。⑥ 过程管理不协调,导致不同设计任务之间在时间或信息传递上存在矛盾。如安排一人同时做两件事或存在的计划任务却没安排人做;设计问题分解与人员角色分配不一致,造成前项任务未按计划完成,使后面的任务无法开始执行的时间和信息传递冲突。

在引起冲突的原因中,有些可以通过技术手段在一定程度上消解;更多的原因则是难以完全消除的,所以必须建立冲突解决机制,研究冲突解决的方法。尽管冲突产生的原因很多,但就其表现形式而言,主要有以下几种:

1) 知识冲突:表现为不同领域的规则难以相互满足,不同主体推理时所用的规则、事实和约束条件之间在一致性和兼容性方面造成冲突。

2) 资源冲突：表现为人力资源、软硬件资源、知识资源等缺乏或调度不合理。

3) 过程冲突：表现为在时间上互相制约的任务规划和调度不合理，甚至过程失控。

4) 数据冲突：表现为设计过程中数据一致性差，设计数据不能同时满足多个协同小组的要求。

另外，按照冲突作用的明显程度，分成显式冲突和隐式冲突；按冲突发生的范围，分成个体范围内的冲突、Team 内成员之间的冲突和 Team 之间的冲突。冲突虽然会给设计带来诸多不利的影响，但也促使项目管理人员和设计人员不断改进设计思想和设计手段，促使设计方案日趋完善。一般的，研究冲突的解决方法，也总是围绕产品开发过程中知识、资源、过程和产品数据的管理进行，通过对项目计划的科学管理和产品开发路线的合理规划，以及对项目进程的有效协调和控制，建立产品数据的充分共享和交互机制，能够避免或大大减少产品开发过程中的冲突。

4.3.3.2 微观过程规划中约束关系的建立及其求解策略

复杂产品在开发过程中所表现出来的异地、分阶段、跨学科、跨专业的设计和制造特征，给约束和冲突的建立和分析增加了难度。同时，由于约束的产生和发展与产品开发过程密切相关，使产品协同开发过程中的约束和冲突的存在和发展既具有前后连续性特征，表现出了鲜明的阶段性和层次性特征，它为约束关系的建立和求解又提供了思路。

1. 约束关系分析[144][145][146]

为了全面和规范地描述微观产品开发过程中的复杂约束关系，本文采用"分层定位约束模型"法对其进行分析和研究，在概念上包括三个层次：特征约束、层约束、域约束。

特征约束：是构成分层定位约束模型的基本元素之一，其作用对象是特征中的参数。参数可以是特征中的属性，特征约束作用在参数上，可以独立存在。一个参数可能受到多个特征约束限制。特征约束的存在是以特征存在为前提的约束,包括静态特征约束和动态特征约束。静态特征约束在产品设计过程中自始至终存在,并保持不变;动态特征约束的存在具有某种先决条件,随外界条件的变化可能变化或消失。特征约束存在的形式,可以以规则或以函数式的形式存储于逻辑上中央服务器中的知识库,供相应的活动及其过程调用。

层约束:无论是产品组成结构特征还是产品开发过程阶段,都具有典型的层次性特征,可以抽象为不同的层次模型,并给予不同的描述,因此约束的建立和形成也具有不同的层次描述。这种分层的描述可以从以下几个方面考虑:① 需求层。描述在产品开发需求分析过程中产生的对产品性能、价格、产品协作开发中接口标准的定义和要求等的约束。② 产品层。包括零部件,描述整个产品性能、结构、装配性能以及参与产品开发的各个合作伙伴之间在组织、制造资源、进度、成本、产品信息、环境等方面的要求和约束,这是约束关系最多、最复杂的一个层次,主要发生在虚拟企业组织范围内的协同设计和制造过程。③ 零件层。是约束模型中层次最低的一层,它描述了产品设计中零件设计中的约束,例如零件的材料约束、力学性能要求、加工性能的约束等。

域约束:由于产品开发过程所涉及的不同学科、不同部门、不同领域而产生的约束。根据领域不同,每一个领域模型的所有约束被视为一个域约束。对每一个域约束而言,可以根据特征间的关联程度划分为若干个约束集。集之间的约束被称作约束链,域之间的约束被称为约束桥。上海微电子装备有限公司在高精度激光雕刻机研发过程中,域约束的建立与子系统的划分密切相关,涉及的领域如:机械、光学、控制、软件、环境等不同领域。

通过对约束及其关系的分层定位,把抽象的难以控制的约束转换成具体的、可控制的约束,通过控制低层的约束关系实现对上层抽象约束关系的有效控制;反之,上层的约束关系也为下层约束关系的建立提供了可靠的依据。另一个重要的意义是在协调约束和冲突的过程中,通过约束关系层次之间的映射关系,可以有效地查找出上层约束发生冲突的原因,从而为有效地解决冲突建立基础。

2. 约束的建立和求解策略

伴随着约束的建立和发展,在产品的概念设计阶段,通过分析市场需求,确定需求层的约束,这种需求映射成产品的基本功能要素,影响产品包括子系统模型建立和分解、制造资源的选择、协作组织的创建以及相应企业协作和控制活动规则的建立。其中一部分约束在产品开发的宏观过程得到解决,而延续并影响产品开发微观过程的约束,通过寻找与产品各个组成结构相匹配的物理实现,最终在实现产品的要领设计方案中逐步得到满足。在这个过程中,层约束中的产品层约束不断完善直至完全实例化,同样,零件层约束的建立与完善是伴随在零件的设计过程中,上一层的约束是下一层约束建立和求解的基础,如产品的质量和成本约束通过产品零部件反映到零件级的质量控制和成本约束;下一层约束的满足为上层约束的满足提供了途径。

求解约束问题,一般本着从简单到复杂的原则,优先考虑同一层次上特征约束的满足问题;其次解决同一域内的约束求解;最后再对域间的约束问题求解。约束问题的求解策略表现在以下过程:

1) 分解并分析约束的属性特征,属性相同或相似的约束进行归类,通过相应的规则表达约束。

2) 按约束作用范围、层次特征建立约束集合,联系密切、作用周期短的约束尽可能放在同一个域内的某一个或相关 Team 范围内求解,尽可能减小约束作用范围,提高收敛性。

3) 分析约束的时间特征,在产品开发活动组织过程中部署约束集合,使约束与活动实现节点相结合。把约束对节点的影响以逻辑关系、规则或条件表达式的方式进行描述。

4) 依据面向对象的建模技术原理,分析串行活动相应约束行为,得到串行活动结构矩阵,再通过解耦分析,细化设计活动,加速设计活动的并行化。分析并优化嵌入约束条件的活动路线,评价活动路线设计的优劣,择优组织开发过程。

5) 分析当设计变量被赋值后,对相互关联的约束进行检查,对约束中存在约束传递问题进行规划。

6) 改变约束对开发过程的被动影响,采用前瞻算法预测约束带来的影响,其原理是:当某一变量被赋值后,通过约束确定那些与此值相关联的变量(尚未赋值)的有效值范围,在随后的变量取值中,便不会与前面的变量冲突。如果此值为空,则说明前面的取值有问题,或者存在冲突。

7) 根据开发过程执行状况,及时调整约束内容和作用节点。通过评价确定约束是否已经终结或需要调整实现策略而重新设计该过程。

约束求解与过程设计两者紧密结合,并相互影响。过程设计对产品开发过程的贡献,是通过对影响过程的约束条件的不断满足体现的,并成为评价过程设计质量的重要依据。设计产品开发过程中的约束求解策略,是微观过程设计中的一项重要内容,它以并行工程原则为指导,融合在产品开发过程路线设计过程中。

4.3.3.3 基于约束的产品开发活动过程建模

产品开发活动是分布于产品开发各个阶段,由具有一定关系的协作组织在特定期限内,根据给定输入、产生特定输出的过程。活动实现是在一定组织范围内、在技术、设备等资源的支持下,具有一定目标、语义完整、相对独立并遵循一定规则和规范的企业行为。由于设计过程的复杂性、约束因素的多样性以及任务实现过程中存在的反复迭代和反馈,与任务对应的企业活动可能是简单的操作,也可能是由一系列活动构成的复杂操作,这些操作可以由一个或多个工作流模型来描述。

图 4-4 示意了基于约束的活动组织过程模型。图中右上模块用于描述活动间约束网络,左下模块用于描述活动组织过程中的动态特性。基于约束的活动组织过程模型更着眼于产品开发微观过程,是产品活动序列网络模型建立的基础。用形式化语言描述图 4-4 中

活动约束节点：$r = <V, F, C, P>$，其中：V 为约束变量集，F 为约束函数集，C 为约束条件集，P 为约束函数指针，用于约束定位。通过对约束条件下约束函数的求解，明确活动间的基本逻辑关系，如串行、并行、串行耦合、并行耦合等。对于活动作用过程中，由于不确定现象引起系统不同程度的扰动、造成设计过程的迭代和反复现象，在模型中以反馈的形式作用于开发过程。通过以上定义和分析，为基于约束的产品开发活动及其序列分析创造了条件和基础。

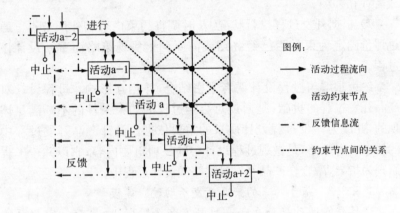

图 4-4　基于约束的活动组织过程模型

4.4　面向过程优化的微观活动路线设计

面向过程的任务分层与分解以及基于约束的活动过程模型的建立，是分析和组织产品开发活动的第一步；在此基础上，理顺活动间关系，对开发活动进行合理组织、形成产品开发路线、支持产品开发过程是本节要解决的问题。

对过程的表达与分析有多种方法，如逻辑语言、网络图、IDEF 建模、网络序列模型等，其中网络序列模型以其方便、直观和便于过程分析的优点适于本文所述问题的解决。

4.4.1 微观过程中产品开发活动路线优化设计

4.4.1.1 活动序列网络模型的建立和表达[147]

本节以光刻机产品中温度控制子系统(Temperature Control Sub-system，TCS)的协同设计过程为例，展开微观过程设计中对活动路线优化设计的相关原理与过程叙述。光刻机在工作过程中，对光刻环境温度、洁净度要求都很高，其中温度控制指标有两个：22℃±0.1℃和22℃±0.01℃；洁净度达Ⅰ级标准。温度控制分系统设计内容主要包括：温度控制、温度测量、温度调节和空气洁净子系统，四个子系统既相对独立又联系紧密，功能上相互影响，例如：环境温度的控制，依赖于温度的精确测量，温度出现误差后，通过智能PID运算，产生精确的控制量；同时温度控制还受环境中氮气密度、流量、湿度等影响。这些彼此相互影响因素的存在，产生了并行设计中在资源、时间、数据、测试中的种种约束。经过概括，在TCS设计包括七项活动内容，描述该过程的活动序列网络模型如图4-5所示。

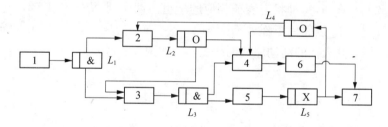

图4-5 温度控制分系统设计过程示意

1 原理设计与仿真分析需求 2 氮气调节子系统设计 3 水调节子系统设计 4 空气洁净子系统设计 5 缺陷分析与设计修改 6 温度测量与控制子系统以及矫正算法设计 7 子系统装配与调试

图4-5中，网络节点代表产品开发活动，活动间的序列与组织关系通过节点间的逻辑关系如与(&)、或(O)、异或(X)及其组合状态进行表达。逻辑状态可用一组有向弧表示，如L_2的可能状态用有向弧

$\{(2,3)\}$、$\{(2,4)\}$、$\{(2,3),(2,4)\}$表示;该过程模型用一个邻接矩阵 $A = [a_{ij}]_{7 \times 7}$ 来表达,其中,邻接矩阵 A 中的元素 a_{ij} 定义为: $a_{ij} = \begin{cases} 1 & \text{节点 } i \text{ 可以到达节点 } j \\ 0 & \text{节点 } i \text{ 不能到达节点 } j \end{cases}$,并且当 $i = j$ 时,$a_{ij} = 0$。根据该定义,图 4-5 所示过程模型的表达矩阵为:

$$A = \begin{bmatrix} 0 & 1 & 1 & 0 & 0 & 0 & 0 \\ 0 & 0 & L_2 & L_2 & 0 & 0 & 0 \\ 0 & 0 & 0 & 1 & 1 & 0 & 0 \\ 0 & 0 & 0 & 0 & 0 & 1 & 0 \\ 0 & (L_5, L_4) & 0 & (L_5, L_4) & 0 & 0 & 1 \\ 0 & 0 & 0 & 0 & 0 & 0 & 1 \\ 0 & 0 & 0 & 0 & 0 & 0 & 0 \end{bmatrix}$$

式中,元素 $a_{23} = L_2$,$a_{24} = L_2$,$a_{52} = (L_5, L_4)$,$a_{54} = (L_5, L_4)$。由于 L_2、L_4 以及 L_5 的不同取值,得到邻接矩阵 A 的 12 种不同表达状态 $(A_1 \sim A_{12})$,每种状态表征相应的一组活动序列 $N_i (i = 1, 2, \cdots, 12)$。例如:以邻接矩阵 $A_3 (a_{23} = 1, a_{24} = 0, a_{52} = 1, a_{54} = 0)$ 为研究对象,其表征的活动序列网络图 N_3,如图 4-6 所示。

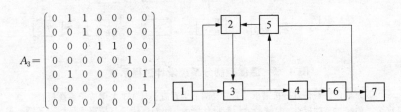

图 4-6   邻接矩阵 A_3 及其活动序列网络图 N_3

用枚举法得到不同逻辑状态组合下活动序列网络模型及其邻接矩阵的表达,为进一步分析 TCS 设计过程中所有可能的活动路线及其特征提供了基础。以活动序列网络图为研究对象,根据图论中可达矩阵计算原理,分析从起点到终点每条可能路线的节点组成;通过引入次序矩阵,获得这些节点的前后序列关系,最终获得每条可能路线的组织方式。

4.4.1.2 开发活动的组织方式与路径分析[148]

可达矩阵(简称 R)描述了各个活动之间通过一定长度的路径彼此可以连接的程度,其定义为: $R = (E \bigcup A)^{n-1}$,式中: n 为活动节点数, E 为单位矩阵。可达矩阵具有以下性质:若 $R[i, j] \bigcap R^T[i, j] = 1$,则活动 i 与 j 之间是可达的。根据这一原理,计算 $N_1 \sim N_{12}$ 的可达矩阵 $R_i (i = 1, 2, \cdots, 12)$,并对各节点间的可达性进行判断。

以 N_3 为例,根据以上定义和布尔代数运算规则,计算 N_3 的可达矩阵:

$$R_3 = \begin{pmatrix} 1 & 1 & 1 & 1 & 1 & 1 & 1 \\ 0 & 1 & 1 & 1 & 1 & 1 & 1 \\ 0 & 1 & 1 & 1 & 1 & 1 & 1 \\ 0 & 0 & 0 & 1 & 0 & 1 & 1 \\ 0 & 0 & 0 & 0 & 1 & 0 & 1 \\ 0 & 0 & 0 & 0 & 0 & 1 & 1 \\ 0 & 0 & 0 & 0 & 0 & 0 & 1 \end{pmatrix}$$

根据可达矩阵性质,判断 N_3 中相邻元素的可达性。

$$R_3 \bigcap R_3^T = \begin{pmatrix} 1 & 0 & 0 & 0 & 0 & 0 & 0 \\ 0 & 1 & 1 & 0 & 1 & 0 & 0 \\ 0 & 1 & 1 & 0 & 1 & 0 & 0 \\ 0 & 0 & 0 & 1 & 0 & 0 & 0 \\ 0 & 0 & 0 & 0 & 1 & 0 & 0 \\ 0 & 0 & 0 & 0 & 0 & 1 & 0 \\ 0 & 0 & 0 & 0 & 0 & 0 & 1 \end{pmatrix}$$

为了分析问题方便，对 $R_3 \bigcap R_3^T$ 进行行列变换，使其成为对角方块矩阵：

$$
\begin{array}{c@{\quad}ccccccc}
 & 1 & 2 & 3 & 5 & 4 & 6 & 7 \\
1 & \left[\begin{array}{ccccccc} 1 \\ 0 \\ 0 \\ 0 \\ 0 \\ 0 \\ 0 \end{array}\right. & \begin{array}{c} 0 \\ 1 \\ 1 \\ 0 \\ 0 \\ 0 \\ 0 \end{array} & \begin{array}{c} 0 \\ 1 \\ 1 \\ 0 \\ 0 \\ 0 \\ 0 \end{array} & \begin{array}{c} 0 \\ 1 \\ 1 \\ 1 \\ 0 \\ 0 \\ 0 \end{array} & \begin{array}{c} 0 \\ 0 \\ 0 \\ 0 \\ 1 \\ 0 \\ 0 \end{array} & \begin{array}{c} 0 \\ 0 \\ 0 \\ 0 \\ 0 \\ 1 \\ 0 \end{array} & \begin{array}{c} 0 \\ 0 \\ 0 \\ 0 \\ 0 \\ 0 \\ 1 \end{array}\left.\right] \\
\end{array}
$$

根据变换后的对角方块矩阵，按每个子块对活动进行区域划分，每个区域视为一个元素。对 N_3 而言，划分为五个区域元素：$e_1 = \{1\}, e_2 = \{2, 3, 5\}, e_3 = \{4\}, e_4 = \{6\}, e_5 = \{7\}$。为进一步明确这五个元素的前后序列关系，引入次序矩阵：$P = \overline{R^T} \bigcap A$，式中，$\overline{R^T}$ 表示可达矩阵转置矩阵的逻辑非。仍以 N_3 为例，其次序矩阵：

$$
P_3 = \overline{R_3^T} \bigcap A_3 = \begin{bmatrix} 0 & 1 & 1 & 0 & 0 & 0 & 0 \\ 0 & 0 & 0 & 0 & 0 & 0 & 0 \\ 0 & 0 & 0 & 1 & 0 & 0 & 0 \\ 0 & 0 & 0 & 0 & 0 & 1 & 0 \\ 0 & 0 & 0 & 0 & 0 & 0 & 1 \\ 0 & 0 & 0 & 0 & 0 & 0 & 1 \\ 0 & 0 & 0 & 0 & 0 & 0 & 0 \end{bmatrix}
$$

根据对 N_3 中活动元素的定义和次序矩阵 p_3 的计算结果，进一步简化邻接矩阵 A_3 为 A_3'，相应的简化活动序列网络 N_3 为 N_3'，如图 4-7 所示。

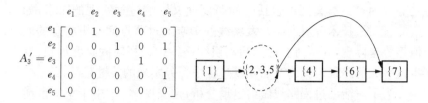

$$A_3' = \begin{array}{c} \\ e_1 \\ e_2 \\ e_3 \\ e_4 \\ e_5 \end{array} \begin{array}{ccccc} e_1 & e_2 & e_3 & e_4 & e_5 \\ 0 & 1 & 0 & 0 & 0 \\ 0 & 0 & 1 & 0 & 1 \\ 0 & 0 & 0 & 1 & 0 \\ 0 & 0 & 0 & 0 & 1 \\ 0 & 0 & 0 & 0 & 0 \end{array}$$

图 4-7   简化后邻接矩阵 A_3' 及其活动序列网络图 N_3

简化后的邻接矩阵及其序列模型表达,把一个区域由多个节点构成的情况视为一个具有"回路"(图 4-7 中用虚线表示部分)功能的元素对待,从而实现活动序列的简化。至于"回路"中节点序列的确定,可根据邻接矩阵 A 确定;节点间关系复杂的或者"回路"之间彼此存在嵌套关系的情况,可同样利用其可达矩阵及其次序矩阵的计算,逐层进行分析。

通过对开发活动序列网络的简化,把任务活动的组织方式分区域、按层进行表达,使项目管理人员由于在产品开发的不同阶段对问题的关注点不同,或者项目组织中不同成员对问题的关注范围不同,而分别定位到不同的区域、不同的层次,既能做到关注全局,又能为局部上进行细致分析提供方便。

以 N_3 为例,根据图 4-6 所示,分析回路元素 $e_3 = \{2, 3, 5\}$ 所有可能的路径(此处仅限于讨论单重循环情况):(3)、(2-3)、(3-5)、(3-5-2-3-5)、(3-5-2-3)、(2-3-5);结合图 4-7 示意,列出网络序列模型 N_3 中,从任务活动开始到结束的所有可能路径,共 6 条,分别为:L_{31}:(1-3-4-6-7);L_{32}:(1-2-3-4-6-7);L_{33}:(1-3-5-7);L_{34}:(1-3-5-2-3-5-7);L_{35}:(1-3-5-2-3-4-6-7);L_{36}:(1-2-3-5-7)。

同样的方法,分析活动序列模型 $N_1 \sim N_{12}$ 所对应的可能路径。

4.4.1.3   活动过程路线分析与路径优化

选择并组织任务活动执行路线、确定设计过程中的关键路径,需要综合考虑各节点活动延续时间以及节点之间不同逻辑状态的取值趋势等因素。本文把不包括时间跨度而又影响过程实现的因素,如资质、信誉、技术等对产品开发路线的影响通过节点间逻辑状态的取值趋势来体现,并从所有任务活动组织路线中选择时间跨度最长、发生概率大的路径定义为产品开发过程中任务实现的关键路径。

为了对活动过程路线做出定量分析,定义图 4-5 中 1 至 7 个活动的延续时间(假设总时间跨度为 10 个计量单位)依次为:$t_1 = 1.2$,$t_2 = 1.5$,$t_3 = 1.8$,$t_4 = 1.0$,$t_5 = 2.0$,$t_6 = 0.6$,$t_7 = 1.9$;并设 L_2、L_4、L_5 的逻辑状态取值概率如表 4-1 所示。

表 4-1　网络节点间活动发生概率

逻辑节点	状　　态	发生概率
L_2	(2-3)	0.30
	(2-4)	0.50
	(2-3, 2-4)	0.20
L_4	(5-2)	0.30
	(5-4)	0.50
	(5-2,5-4)	0.20
L_5	(5-7)	0.80
	(5-2)或(5-4)或(5-2,5-4)	0.20

1) 计算所有可能活动路径的长度

在定义各活动持续时间之后,根据每组活动序列模型的所有可能路径,分别计算各组中所有可能路径长度。以 N_3 为例,$L_{31} \sim L_{36}$ 的路径长度分别为:6.5,8.0,6.9,12.2,11.8,8.4;显然,对 N_3 而言,最长路径为 L_{34},长度为 12.2,是影响 N_3 最迟完成时间的路径,即 L_{34} 为序列 N_3 的关键路径。

同理,计算 $N_1 \sim N_{12}$ 中所有可能路径长度并选择每组中的关键路径,结果如表 4-2 所示。

2) 计算所有可能活动路径发生概率

在任务实现过程中，活动间逻辑状态的不同组合，形成了不同的活动序列；各逻辑状态的不同取值趋势（概率），导致活动序列作用的概率不同，活动序列作用的概率等于序列中各逻辑状态取值概率的乘积。

根据表 4-1 中的定义，以 N_3 为例，其作用概率 $p_3 = 0.3 \times 0.2 \times 0.3 = 0.018$。同样的方法，依次计算其他各活动序列的作用概率，计算结果如表 4-2 所示。

表 4-2   活动序列作用概率及其关键路径与长度示意

活动序列	关　键　路　径	路径长度	概　率
N_1	(1-2-3-5-7)	8.4	0.240
N_2	(1-2-3-5-4-6-7)	10.0	0.030
N_3	(1-3-5-2-3-5-7)	12.2	0.018
N_4	(1-3-5-2-3-5-7)	12.2	0.012
N_5	(1-3-5-7)	6.9	0.400
N_6	(1-3-5-4-6-7)	8.5	0.050
N_7	(1-3-5-2-4-5-7)	11.4	0.030
N_8	(1-3-5-2-4-5-7)	11.8	0.020
N_9	(1-2-3-5-7)	8.4	0.160
N_{10}	(1-2-3-5-4-6-7)	10.0	0.020
N_{11}	(1-3-5-2-3-4-6-7)	11.8	0.012
N_{12}	(1-3-5-2-3-4-6-7)	11.8	0.008

表 4-2 中列出了 TCS 设计开发过程中，不同逻辑组合状态下，每组活动序列的作用概率、关键路径及其长度。项目实施过程中，管理人员可参照该表信息，优化选择任务执行路线，特别是在协同产品开发过程中，关键路径中"回路"的情况复杂，"回路"中的任务关系往

往还存在相互嵌套和异地协同,定义并关注关键路径的执行情况,对于提高产品质量、控制开发进度、节约开发成本等都具有非常重要的意义。以 TCS 设计过程为例,在分析活动组织、形成产品开发路线过程中,主要考虑以下几个方面:

(1) 从路径长度上考虑。若限定整个项目过程不超过 10 个时间单位,则可供选择的任务序列为:N_1、N_2、N_5、N_6、N_9、N_{10},项目按期完成的概率为:

$$p = 0.24 + 0.03 + 0.4 + 0.05 + 0.16 + 0.02 = 0.9$$

(2) 从任务序列作用的概率考虑。若希望任务序列作用概率 $p \geqslant 0.05$,则可供选择的任务序列为:N_1、N_5、N_6、N_9,满足概率要求的任务序列的比例为:

$$p = 0.24 + 0.4 + 0.05 + 0.16 = 0.85 = 85\%$$

(3) 综合考虑任务序列时间延续和作用概率两方面因素,可根据表 4-2 直观分析出供优先选择的活动序列依次为:N_5、N_1、N_9,相应的,与之对应的路径长度 $L \leqslant 8.40$,概率 $p \geqslant 0.160$。

(4) 从全局优化的角度,如缩短产品开发时间,合理使用制造资源、降低开发成本、提高产品开发质量等优化目标,可通过建立相应的优化模型或目标函数,应用运筹学中丰富且成熟的理论和方法予以解决。

4.4.2 基于 Agent 技术的资源管理与优化调度

在建立了任务与活动间映射关系、确定了产品活动实施路线的基础上,寻求开发过程实现中资源的优化选择使用,成为微观过程设计的另一个重要内容。基于 Agent 技术的资源协同管理为制造资源的优化使用提供了有力的支持。

4.4.2.1 资源优化调度方法的数学规划[149]

制造源的优化使用和调度,关系到样机产品开发进度、费用,特别是影响到最终产品科技含量与质量,是产品开发成功与否的关键。资源结点的优化调度方法研究内容包括：一是分析任务实现的约束条件、影响因素及其层次定位，并建立与活动过程的映射关系，构造比较矩阵并计算各个评价因素权重；二是构建评价指标效用函数，计算候选资源结点在约束条件下，完成任务目标活动的优先权分值；最后，通过计算、比较约束条件下资源结点优先权值的大小，选择实现任务目标的最佳作资源结点（资源结点集）。具体过程描述如下：

1. 约束条件评价矩阵的建立及权重计算

为叙述方便，以某一相对独立的产品开发过程中任务 T 的实现为研究对象，候选资源域为 R，作为一个资源结点存在。T 与 R 之间存在约束集 S（此处分析单层情况，对工程实践中可能出现的多层约束情况，研究方法类似）。其中，实现任务 T 有 n 个候选资源结点 $R = \{r_1, \cdots, r_n\}$ 可供选择使用；任务 T 与候选资源结点 R 之间存在 k 个约束 $S = \{s_1, \cdots, s_k\}$，例如：服务时间 $T(s_t)$、服务质量 $Q(s_q)$、服务成本 $C(s_c)$、安全性 $S(s_s)$ 等。为了排除人为估计偏差，达到"排序选优"的目的，本文采用 $\sqrt{3}$ 标度法作为各评价指标选优的评价标度，评价标度与评分标准如表 4-3 所示。

表4-3 $\sqrt{3}$标度方法

评价描述	极端重要	很重要	重要	较重要	重要性相同
评分	3^2	3^1	$3^{1/2}$	$3^{1/4}$	3^0

根据表4-3中给出的 $\sqrt{3}$ 标度方法，依次给出各约束因素之间相对重要程度比值：$a_{ij} = s_i/s_j$，其中，$i, j = 1, 2, \cdots, k$，显然，$a_{ji} = 1/a_{ij}$，由此构建约束因素的判断矩阵如表 4-4 所示，用近似法计算判断矩阵的最大特征值和特征向量，得到各约束因素对目标影响的相对权重。

表 4-4　约束因素相对重要性判断矩阵 A

	s_1	s_2	······	s_k
s_1	a_{11}	a_{12}	······	a_{1k}
s_2	a_{21}	a_{22}	······	a_{2k}
······	······	······	······	······
s_k	a_{k1}	a_{k2}	······	a_{kk}

计算判断矩阵每行所有元素的几何平均值：

$$\bar{\omega}_i = \sqrt[k]{\prod_{j=1}^{k} a_{ij}} \quad i = 1, 2, \cdots, k, 得到：\bar{\omega} = (\bar{\omega}_1, \bar{\omega}_2, \cdots, \bar{\omega}_k)^T。$$

对 $\bar{\omega}_i$ 做归一化处理，计算：

$$\omega_i = \bar{\omega}_i \Big/ \sum_{i=1}^{k} \bar{\omega}_i \tag{4.1}$$

得到：$\omega_i = (\omega_1, \omega_2, \cdots, \omega_k)^T$，此为特征向量的值，即：约束因素的相对权重。

计算判断矩阵的最大特征值：

$$\lambda_{\max} = \sum_{i=1}^{k} \frac{(A\bar{\omega})_i}{k\,\bar{\omega}_i} \tag{4.2}$$

其中，$(A\bar{\omega})_i$ 为向量 $A\bar{\omega}$ 的第 i 个元素。检验判断矩阵的一致性。

2. 候选资源结点优先权值计算

任务 T 包括若干个活动集合 $T = \{a_1, a_2, \cdots, a_j, \cdots\}$，当候选资源结点 $r_i (i = 1, 2, \cdots, n)$ 可以完成活动 a_j 时，把这种对应关系（只在以候选结点为研究对象时才体现）定义为 u_{ij}，显然 $u_{ij} = u_{ji}$。

活动 a_j 和 n 个候选结点之间的关系用公式（4.3）表示，它给出了活动和候选资源结点之间的关系矩阵，描述候选资源结点在实现活动过程中是否可用。

$$F(a_j) = (u_{j1}, u_{j2}, \cdots, u_{jn}) \cdot \begin{bmatrix} r_1 \\ r_2 \\ \vdots \\ r_n \end{bmatrix} \qquad (4.3)$$

根据公式(4.3),活动集合和候选资源结点集合 R 间的关系为:

$$F = U \cdot R \qquad (4.4)$$

式中,$U = [u_{pq}]_{j \times n}$,$R = (r_1, \cdots, r_n)^T$。采用表 4-3 所示的 $\sqrt{3}$ 标度法,依次标度约束条件下各个资源结点在实现任务 T 的过程中资源结点的值:$V_i = (v_{it}, v_{iq}, v_{ic}, v_{is}, \cdots)$,式中,$i$ 为资源结点标识号,$i = 1, 2, \cdots, n$;$v_{it}, v_{iq}, v_{ic}, v_{is}, \cdots$ 依次表示第 i 个资源结点在约束条件 s_t、s_q、s_c、s_s、$\cdots$ 下的标度值。设定资源标度值的目的,是为了计算资源结点集在相应约束因子或评价标准下的优先权分值:$W_i = (w_{it}, w_{iq}, w_{ic}, w_{is}, \cdots)$,其中,$w_{it}$、$w_{iq}$、$w_{ic}$、$w_{is}$、$\cdots$ 表示第 i 个资源结点在约束因子 s_t、s_q、s_c、s_s、$\cdots$ 下的优先权分值。计算过程中,要用到两个效用函数(式 4.5、式 4.6)。

由于约束因素对资源优化选择的作用效益存在两种情况:以约束 $TQCS$(服务时间、服务质量、服务成本、安全性)为例,一是增益效益:服务质量和安全性越高的资源结点越优先选择;二是损益效益:服务时间越短、服务成本越低的资源结点越优先选择。为此,构建以下两个效用函数:

增益目标准则下的效用函数(越大越优):

$$w_{ix} = \frac{v_{ix} - \min_{1 \leqslant i \leqslant n}(v_{ix})}{\max_{1 \leqslant i \leqslant n}(v_{ix}) - \min_{1 \leqslant i \leqslant n}(v_{ix})} \qquad (4.5)$$

损益目标准则下的效用函数(越小越优):

$$w_{ix} = \frac{\max_{1 \leqslant i \leqslant n}(v_{ix}) - v_{ix}}{\max_{1 \leqslant i \leqslant n}(v_{ix}) - \min_{1 \leqslant i \leqslant n}(v_{ix})} \qquad (4.6)$$

利用公式(4.5)计算 w_{iq}、w_{is}。式中 w_{ix} 与 v_{ix} 分别是指 w_{iq}、v_{iq} 与 w_{is}、v_{is}；并且，利用公式(4.6)计算 w_{it}、w_{ic} 的方法与公式中变量含义与公式(4.5)中相似。

根据上文中所计算出的各约束因素或评价指标的权重，以及公式(4.5)与(4.6)的计算结果，利用公式(4.7)，计算资源结点 r_i 完成活动 a_j 的相对优先权值 p_{ij}，其中，i 为资源结点标识号，j 为活动标识号。

$$p_{ij} = \omega_t \times w_{it} + \omega_q \times w_{iq} + \omega_c \times w_{ic} + \omega_s \times w_{is}$$

3. 最佳工作资源结点的选择

对实现某一活动的各个资源结点的相对优先权值按大小进行排序，选择 $\max(p_{ij})$ 的资源结点为实现活动 a_j 的最佳工作结点；所有活动实现的最佳工作资源结点，组成完成任务目标 $T = \{a_1, a_2, \cdots\}$ 的最佳工作资源结点集 R。

4. 资源优化选择过程总结与最优性分析

广域协同范围内制造资源优化选择和使用，是并行产品开发过程的需要，基于产品结构和功能的理解、面向开发过程的任务分层分解，为产品开发过程路线的建立和基于任务驱动的资源选择提供了条件。

资源优化选择和使用是一个基于分层的、约束条件下多目标择优过程。遴选最优目标的过程主要包括：

(1) 根据用户提交的任务性质及要求，建立明确的任务或子任务目标以及分层的优化选择评判标准。通过计算判断矩阵特征向量，获得约束与评价因素的相对权重。

(2) 采用 $\sqrt{3}$ 标度法标度评优指标权重、候选资源结点的值。与广泛使用的 1～9 标度法比较，$\sqrt{3}$ 标度法边界条件明显，较好的排除了人为误差，所建立的判断矩阵一致性好。在后文实例应用一节中，证明这一特征。

(3) 公式(4.3)、(4.4)给出的活动与资源结点间的关系矩阵，对能够实现活动的可用资源结点进行了选择。公式(4.5)、(4.6)分两种情况(增益目标、损益目标)分别计算可用资源结点在不同约束因子条件影响下的优先权分值。

(4) 综合考察完成任务目标的所有约束或评价指标,利用公式(4.7)计算各个资源结点在实现开发活动过程中所表现的优先权值。针对任务目标 T 的资源优化选择和使用过程,是通过优化选择完成活动 $a(a \subseteq T)$ 的各个资源结点并组成资源结点集来体现的。

4.4.2.2 资源优化选择方法研究中的一个应用实例

在分析复杂产品开发过程中资源优化使用技术、原理的基础上,以光刻机研制过程中对准分系统设计为例,阐述这种方法在实践中的应用。

对准分系统设计包括六项开发活动($T = \{a_1, \cdots, a_6\}$),分别是:对准软件设计、对准光学系统设计、对准机械结构设计、对准信号电路设计、对准仿真系统设计、装配与调试。经过宏观过程规划,实现六项开发活动的域资源包括:上海的三个研究所和武汉一所高校注册并提供六个资源结点作为候选资源供选择使用,每个资源结点具有软件设计、光学设计等一种或几种功能。

在对准分系统设计资源选择过程中,考察 $TQCS$(任务时间、服务质量、服务成本、安全性)四个约束条件或择优评判标准。采用 $\sqrt{3}$ 标度法,建立约束因素或评价指标相对重要性判断矩阵 A:

	T	Q	C	S
T	1	3	$\sqrt{3}$	$\sqrt[4]{3}$
Q	1/3	1	3	$\sqrt{3}$
C	$1/\sqrt{3}$	1/3	1	$1/\sqrt[4]{3}$
S	$1/\sqrt[4]{3}$	$1/\sqrt{3}$	$\sqrt[4]{3}$	1

根据公式(4.1)计算判断矩阵的特征向量,得到 $TQCS$ 四个约束因素或评价指标的相对权重:$\omega = (\omega_t, \omega_q, \omega_c, \omega_s)^{\mathrm{T}} = (0.390\ 4,$

$0.276\,9$，$0.149\,3$，$0.183\,4)^{\mathrm{T}}$

根据公式(4.2)计算判断矩阵 A 的最大特征值 $\lambda_{\max}=4.211\,4$，当 $n=4$ 时，平均随机一致性指标 $R.I.=0.9$，判断矩阵的一致性指标 $C.I.=(\lambda_{\max}-n)/(n-1)=0.070\,5<0.1$，因此，判断矩阵具有较好的一致性。

根据公式(4.3)和(4.4)建立任务集合与候选资源结点关系矩阵：

$$F=\begin{pmatrix}0&1&0&1&1&0\\1&0&0&1&0&1\\1&1&0&0&1&0\\1&1&0&0&0&1\\1&1&0&0&0&0\\1&0&1&0&1&1\end{pmatrix}$$

$\sqrt{3}$ 标度法标度 $TQCS$ 条件下候选资源结点值的分布，如表 4-5 所示。

<p>表 4-5　资源结点在约束条件下值的分布</p>

	T	Q	C	S
$r1$	3	$\sqrt{3}$	3	$\sqrt[4]{3}$
$r2$	9	1	$\sqrt{3}$	
$r3$	$\sqrt[4]{3}$	3	$\sqrt[4]{3}$	1
$r4$	$\sqrt{3}$	3	3	$\sqrt{3}$
$r5$	1	$\sqrt{3}$	$\sqrt{3}$	1
$r6$	$\sqrt{3}$	3	$\sqrt[4]{3}$	1

根据活动集合与候选资源结点关系矩阵 T 可知，对活动 a_1，候选工作结点为 r_2，r_4，r_5，根据公式(4.5)、(4.6)计算候选工作结点 $TQCS$ 下优先权分值：

$$W_2 = (w_{2t}, w_{2q}, w_{2c}, w_{2s}) = (0, 0, 0.753\,2, 0.431\,8)$$

$$W_4 = (w_{4t}, w_{4q}, w_{4c}, w_{4s}) = (0.908\,5, 1, 0, 1)$$

$$W_5 = (w_{5t}, w_{5q}, w_{5c}, w_{5s}) = (1, 0.360\,0, 0.753\,2, 0)$$

根据公式(4.7)计算资源结点 r_2 完成活动 a_j 的优先权值：

$$p_{21} = 0.149\,3 \times 0.753\,2 + 0.183\,4 \times 0.431\,8 = 0.191\,6$$

同理，$p_{41} = 0.815\,0$，$p_{51} = 0.604\,2$，显然，$p_{41} > p_{51} > p_{21}$，因此，对于开发活动 a_1 而言，r_4 为最佳工作结点。

同样的方法，计算出完成活动 a_2 的最佳工作结点为 r_4；完成活动 a_3 的最佳工作结点为 r_5；完成活动 a_4 的最佳工作结点为 r_6；完成活动 a_5 的最佳工作结点为 r_2；完成活动 a_6 的最佳工作结点为 r_3。从而最终得到，完成任务集合 $T = \{a_1, \cdots, a_6\}$ 的最佳工作资源结点集为 $R = \{r_4, r_4, r_5, r_6, r_2, r_3\}$。

4.4.2.3 基于 Agent 技术的资源管理与使用过程[150]

被选中的工作资源结点集（资源结点）是实现目标任务的最佳资源，但本身并不能解决任何实际问题，还需要遵循活动过程实现的约束和规则，在具有一定体系结构，具有自主性、交互性、主动性，不同层次、不同粒度的智能 Agent 的组织和管理下，依据活动需要，通过优化 Agent 内部结构，实现资源之间的协同工作，赋予资源（或资源结点）具有整体的高级行为能力。为有效地支持复杂产品开发过程，建立基于 Agent 的资源管理系统应该具有良好的柔性和适应性。图 4-8 给出应用于复杂产品开发过程、支持资源动态管理和使用的 Agent 功能结构示意，它由共享知识库、通信、协同控制、行为处理及任务接口模块组成[151]。

1) 共享知识库。Agent 执行其功能所必需的知识和数据采用分区的黑板结构共享，黑板结构提供一个全局数据库，记录代理的注册和注销信息、任务信息、相关的诊断信息和数据，为代理提供数据存储和检索等服务。

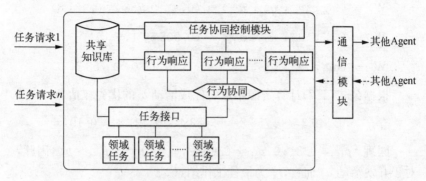

图 4‑8   **Agent 功能结构及其行为分析**

2) 通信模块。它是 Agent 之间进行信息传输与协作行为的基础,作为 Agent 共同遵循的通信语言和信息发布机制的核心功能模块,它包括三个公共组件:共同的代理通讯语言(Agent Communication Language,ACL)、知识查询和操纵语言(Knowledge Query and Manipulation Language,KQML)、共享的领域本体(Ontology)知识。三个组件确保代理之间有一个共同的会话领域进行交流,避免对领域知识出现二义性解释,具有共同的通讯内容格式和协议,采用 Express、XML,确保信息内容与格式独立。

3) 协调控制模块。根据行为处理模块提交的处理结果和知识库预先存储的相关知识、合作规则以及任务种类进行协同控制,将不同的任务安排到不同的 Agent 完成,决策结果送往通信模块,提交至其他 Agent。

4) 行为处理模块。根据知识库中预先存储的相关领域知识,具体完成 Agent 的任务,结果发送到共享知识库和协同控制模块,引导任务接口模块和协同控制模块任务的执行。

5) 任务接口模块。是 Agent 和领域任务间的接口,通过监测外部任务事件触发 Agent 的动作或行为,实现资源过程的管理或调用。

复杂产品开发过程涉及包括分布于广域范围内的多种类型的制造资源信息,如何动态管理和合理组织这些制造资源是产品开发微观过程管理的关键。多代理技术的研究与发展，为该技术在产品开发领域的应用提供了良好的基础。多代理技术具有的相对独立性、智能性、分布式并行处理、可伸缩性和可维护性等特点，有利于把分散于广域网络环境下的制造资源有机地集成起来，适用于分布式动态管理和协调的产品开发过程。将多代理技术应用于复杂产品开发微观过程中的资源管理过程具有以下优点：

1) 简化了对复杂过程的控制。多代理机制把管理系统中的控制问题，分散到各个代理结点，借助于谈判的方式协调整体问题的求解，局部问题规模小，容易解决。

2) 反应灵敏，健壮性强，有很强的动态适应能力。全局控制功能由各个 Agent 协调实现，Agent 之间是松散耦合关系，单个 Agent 功能的丧失不会影响到其他 Agent 的正常行为，执行过程仍能正常完成。

3) 执行效率高，各个 Agent 按照自身价值准则和行为目标，自主决策、独立运行，总体上自然形成相互协调、相互适应关系。

4) 提供了动态、开放式环境，便于已有过程和资源的动态加盟。

本文提出将多代理技术应用于资源的动态管理和调度，完成用户提交的产品开发任务。基于多代理的资源管理与调度过程包括以下三个功能组件：

● 资源请求代理

是整个平台的资源管理者，负责接收用户任务，动态监视任务运行情况，并根据需要提交结果。主要功能包括：提供资源服务注册功能，对用户加入和退出公共服务平台进行动态管理；接受用户提交的任务，并根据任务类型和要求形成任务清单；根据任务清单调度任务，分配资源，并随时监视任务执行情况。

● 资源域代理

是本域内资源动态管理和调度的中心，负责工作域的创建、属性的收集，接收从资源请求代理提交的任务并根据其特点进行资源结点的分配。功能包括：监听从本域结点发送来的信息，创建资源域成员结点信息资料库并定期刷新；定时接收资源请求代理提交的作业，并判断其可行性，建立本域任务队列；根据提交的任务清单和资源情况，分配任务到合适的资源结点；及时将任务执行情况返回资源请求代理，通过资源代理将结果返回给用户。

● 资源结点

是任务执行的基本功能单元，通过注册加入资源提供方，当任务提交时，由资源域直接调度，资源请求代理间接调度。主要功能有：通过用户认证机制，可以申请加入资源提供方；将资源结点的状态和负载信息，周期性地提交给资源域；产生服务进程，接收资源域发来的任务并具体执行。

基于多代理的资源动态管理与调度过程描述如下：

1）启动资源请求代理服务，对于网络范围内任何与产品设计、协同、数据分析、过程优化等相关的任务都可以向资源请求代理提出服务申请，资源请求代理通过对申请的确认和任务分析，对服务申请做出回应[152]。

2）根据提供的服务不同，由资源管理与动态分配模块将资源结点分类，形成资源域，动态管理该域内所有资源结点，监视各个资源结点的信息和更新状况，并刷新资源请求代理资料库，以实现请求代理动态调度。

3）用户通过客户端服务程序将作业任务和具体要求提交给资源请求代理，资源请求代理分析任务情况及约束条件，形成任务清单，根据任务性质、约束要求和资源结点负载情况进行任务调度，形成最佳分配方案，将任务分配给选中的不同资源域中的资源结点[153][154]。

根据任务要求，被选中的资源结点临时组成虚拟资源社区，社区内各资源结点之间相互调用、协调，共同完成提交的任务。多个任务并行进行时，资源请求代理根据优先级将任务插入队列，资源动态管理与分配模块获取所需要的资源域内各结点信息和负载情况，确定资源结点优先级，并根据任务优先级选取资源结点组成不同的资源社区，同时守候进程监视各结点及整个任务的执行情况，任务完成时直接将结果反馈给用户。其工作过程如图 4-9 所示。

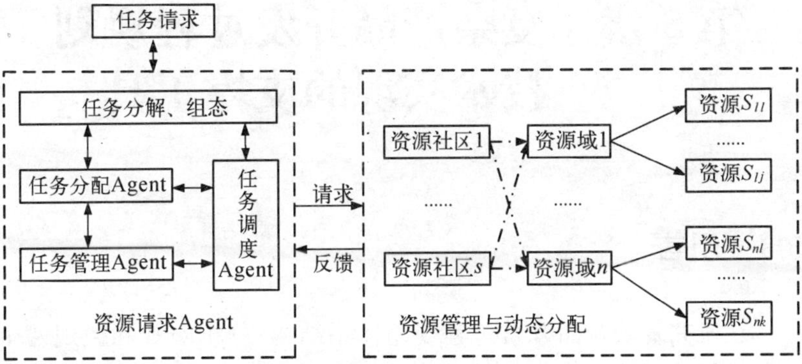

图 4-9　资源管理与使用过程

4.5　本章小结

　　把广域协同产品开发过程中宏观项目管理和微观过程设计相结合,遵循产品开发过程所表现出来的阶段性和不可完全预见性等特征,在对开发任务分层分解的基础上,建立基于约束的产品开发活动过程组织模型,定量分析产品开发活动组织过程及路线,为项目管理人员分阶段、分层次、分区域的考察和分析产品开发过程提供决策依据和参考。

第5章 复杂产品开发过程规划
技术实现的支撑工具

5.1 引言

在研究复杂产品开发过程规划体系结构、分析宏观和微观两个阶段过程规划研究内容的基础上,设计支持复杂产品开发的网络化平台(Network-supported to Complicated Product Development Platform,NCPDP),它以网络环境为基础,集成了过程规划、过程仿真、过程规划等支撑工具,面向复杂产品整体化开发过程,为分布式产品设计提供统一的过程决策和过程管理上的支持。

本章首先介绍了支持复杂产品开发过程的 NCPDP 基本架构,分析平台组成结构的四个层次及其功能,接下来介绍支持平台实现的主要支撑工具以及它们在 NCPDP 中的地位、作用及其实现的主要功能。

5.2 支持复杂产品开发过程规划的网络化平台

5.2.1 NCPDP 的逻辑组成结构

支持复杂产品开发过程规划与实现过程,集成了过程规划工具、过程仿真工具与过程管理工具构建的 NCPDP 的逻辑组成结构包括四个层次:环境支撑层、数据层、功能与工具层、用户层,如图 5-1 所示。

● 环境支撑层

系统运行环境支撑层包括计算机软硬件、网络通信系统以及通

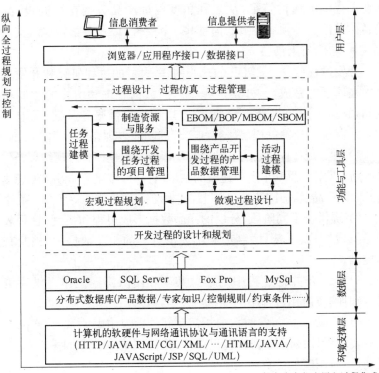

图 5-1　NCPDP 逻辑组成结构

信语言,是基于 CHINANET、CHINAGBN、CNNC 等物理网络的支持,它把政府机关、行业管理部门、研究所、设计与制造企业和高校联系起来,形成资源优势互补,组成跨行业和跨地域的"虚拟"应用网络,共同为面向复杂产品的网络化制造过程提供服务与支撑环境。

■ 数据层

建立在分布式数据库基础上的数据层,是保证异地、分布的产品开发团队通过 PDM 和群件协同工具有效运作的基础。通过对不同类别的信息采用不同的策略进行组织、存储、访问、交换和一致性维护,支持产品全生命周期过程数据结构从不同侧面表达产品结构、性能在工程中的属性特征,从工程角度保证产品数据在协同设计、制造、管理、销售等领域环节的信息共享和交互,以及专家知识的支持。

■ 功能与工具层

开发过程层是 NCPDP 的核心内容,大量的过程研究和开发工作集中在该层中完成,是开发过程中产品数据管理和协作的主要项目空间,它对下层数据进行管理,为上层用户提供服务基础,是上下层的联系枢纽。开发过程层研究和实现的功能表现在以下几个方面:

1) 在宏观过程规划的基础上实现任务过程建模。宏观约束条件下的产品开发计划反映了过程建模的结果,它以整体化产品开发思想为指导并面向产品及其开发过程,为过程实现准备资源、组织等所需的条件。

2) 提供按不同阶段、分层的产品数据形成过程和机制,管理表达产品组成结构、零部件、制造和工艺信息等的相关数据、文档及其版本控制。

3) 为异步并行过程中的信息共享和团队协同工作提供决策支持,及时响应协作过程中的随机触发事件以及过程反馈信息。

4) 微观活动过程建模,分析活动间的微观约束关系,为产品开发任务实现设计最优的活动过程路线,形成具有一定柔性和适应性的活动过程,调度最优资源。

5) 集成工作流引擎服务中心,实时跟踪、收集过程状态信息,动态调整或更改过程活动节点、产品结构以及知识节点语义,保持整个开发过程、产品语义的实时性。

6) 是过程支持子系统集成中心,通过相关功能模块配置,如支持产品设计的 CAx、故障分析的 FMEA、支持管理过程的 ERP 系统等,保证设计人员和用户需求在产品开发各阶段得到满足。

贯穿整个开发过程、基于产品模型和计划的开发过程设计、管理、组织和控制是产品开发过程各阶段、各环节联系的桥梁,是产品开发过程约束不断出现并不断求解的过程。开发计划保证了演化过程遵循着正确的轨迹,并拥有或近期或远期的清晰目标。开发任务对开发过程的驱动,成为阶段演化的动力,并最终丰富了产品数据。

■ 用户层

高精度光刻机产品研发是一个融合多学科、多项前沿技术的过程,它强调和重视多企业、用户、组织和个人的参与,并在用户对象"信息提供者"和"信息消费者"之间不断变换对象角色,在角色变换过程中,用户通过人机界面以多种形式致力于产品数据形成或过程协同,从而推动产品开发过程的持续发展。

5.2.2　NCPDP 的集成策略研究

NCPDP 的构建,充分遵循了并行产品开发过程的特征,支持高精度光刻机产品研发过程的规划和设计要求,系统平台的建立表现两方面特征:一是以光刻机产品研发为背景,分析复杂产品开发流程特点和过程需求,结合现有企业实际,解决企业实际问题;同时尊重、利用现有成熟 PLM 软件在产品开发过程管理中所表现的思想精髓,例如:高度的安全性和保密性、完善的查询和导出功能、全面的文档管理功能、可视化流程管理等。它基于现有 PLM 软件,构建计划过程和设计过程集成框架,在开发环境建立、过程组织、过程控制等流程和环节对现有软件系统做了有益的补充,提供全过程决策服务。

在产品开发过程中,合理、流畅的数据获取、交换和管理,是系统开发环境建立的基础和关键。以 PDM 系统为核心设计的集成框架、应用系统在数据存储、数据安全、流程控制、更改控制以及与设计、制造和采购等信息管理系统实现无缝集成,成为产品全生命周期数据管理和交换的基础。具体地说,以 PDM 系统为核心构建面向复杂产品的协同开发系统环境,主要基于以下几个方面进行考虑:① PDM 与项目过程管理工具的集成。当产品结构、开发过程复杂时,对过程管理变得十分必要。项目过程管理提供与项目管理相关的信息,如:工作站、工作场所视图、角色与权限、时间表、通知、日历、信使等,使管理人员能够及时了解、更新项目计划。二者集成,实现计划与项目过程的双向映射,达到进度控制、资源使用,成本核算等目的,为参与产品开发的组织、个人提供既独立又协作的操作空间。② PDM 与

CAD 的集成。这种集成模式体现在文件交换、命令集成、数据集成以及结构集成四个层次。结构上的集成,实现并保证了产品零部件、子系统之间结构的关联。③ PDM 与 ERP 系统的集成。围绕产品开发过程需要,ERP 系统在采购、库存、制造、销售、财务、资源等方面与 PDM 系统形成强烈的优势互补。PDM 通过对整机、子系统组成结构和模型的建立、驱动和实现,提供 BOM 信息和工艺路线数据,实现了产品设计过程与制造资源计划过程的并行。建立以产品为核心的数据结构,为 ERP 系统提供坚实可靠的数据来源,二者相互补充,共同组成了产品开发过程所需的数据环境。④ PDM 为各子系统的设计和制造提供了统一的数据交互环境。PDM 制造分系统通过接受 Project 计划,汇集包括设计、工艺、制造、管理等信息,为产品的数字化制造、装配以及仿真提供了有利的支持。

　　建立在 PDM 系统基础上的集成产品开发系统,为产品数据实现和组织间的协同开发提供了环境。针对项目的具体目标,基于 Teamcenter Project、Teamcenter Enterprise、具有统一产品开发数据库支持的并行设计集成环境,如图 5 - 2 所示。

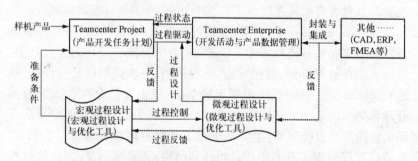

图 5 - 2　支持复杂产品设计过程的 NCPDP 集成策略

　　过程规划和过程仿真工具支持下的宏观过程与微观过程规划,完成了对产品开发过程的设计,成为过程管理与过程决策基础;综合 Teamcenter Project 与 Enterprise 功能的过程管理工具,担负着对过程规划结果的执行功能,前者侧重于宏观过程规划下对任务过程的管理,后者关注于微观过程规划下工作流与产品数据形成过程的管理,同时,对 CAD、ERP、FMEA 等设计、管理、质量控制类软件进行封装与集成。产品开发过程中,计划驱动活动过程,活动结果反映任务状态。NCPDP 在充分发挥过程设计与过程管理二者组合优势的基础上,通过宏观过程规划,为产品开发计划的建立提供了科学的依据并准备了条件,同时根据计划执行情况带来的反馈及时调整宏观设计过程;通过微观过程设计,优化活动过程执行路线。宏观和微观两个阶段的规划和设计,弥补了现有软件功能的不足,使产品开发过程成为一个有机的整体,大大提高了决策过程的质量和效益。

5.3 NCPDP 实现的主要支撑工具

根据复杂产品开发过程特点和要求,沿着产品开发过程方向,定义 NCPDP 实现的三个主要支撑工具:过程规划工具、过程仿真工具、过程管理工具。利用这三个工具解决三方面的问题:复杂产品开发过程的设计和规划、开发过程的仿真以及对过程规划结果以及产品开发过程的管理。

5.3.1 过程规划工具

NCPDP 平台下的过程规划工具,是一个 Java Swing 风格的 Apllication,得益于 Java 的跨平台特性,可运行于不同的操作系统上。它以过程为中心,综合考虑影响过程的内外环境因素、企业资源、数据信息并辅以协同模型,描述与复杂产品开发过程相关的企业行为。通过定义可视化过程建模语言,不仅支持宏观过程下的任务过程建模与微观过程中的活动路线设计与优化,同时支持对过程的静态分析和动态分析,为用户提供过程描述、过程分析、过程校验、过程更改等功能。

利用过程设计工具,核心的工作集中表现在两个方面:一是实现过程的定义和描述,包括过程组成元素及其关系的描述和定义;二是在相关工具或计算方法的支持下,进行过程分析。过程描述以事件(包括信息对象本身以及自身的状态变化)开始,以事件结束,事件和功能按照一定的次序放在一起,并包含功能所涉及的组织、信息以及资源等,彼此之间存在或强或弱的各种依赖关系,如时序、资源、空间、数据等的约束,这些约束关系可以通过一个布尔矩阵来描述,用矩阵中元素的值来表示对应过程描述元素间的依赖关系,从而把过程的优化转变为布尔依赖矩阵的优化。过程规划工具提供的功能包括以下几个方面:

1) 过程描述功能。提供可视化手工过程建模与使用向导进行过程建模两种模式描述任务或活动过程,支持由粗到细逐层进行过程的分解。在过程建模窗口,允许用户可视化的创建工作场所,包括"过程模型"标签和"变量表"标签。在过程标签面板上,用户方便地采用拖拽的方式选取建模元素放到合适的位置,通过有向弧线连接过程。双击过程元素节点或有向弧,可以查看、修改或定义过程元素节点的属性或节点间的关系属性,如:过程节点名称、标识号、触发机制、优先级、依赖的资源、执行者的权限、约束条件、遵循的规则等,属性和规则的定义支持表达式的方式并允许设置特定的过滤条件。在高级属性设置中,可以定义事务过程的执行或重复次数、回复或补偿特征等。图 5 - 3 示意了可视化任务过程建模中的一个视图。

过程描述的结果支持多种模式的浏览和导入/导出功能。对于构建好的工作过程,可以存储为私有的"*.wfm"格式,也能够以XML 格式导出到过程定义描述的文件中。建模结果支持树形导航、Web 浏览等多种浏览模式,便于客户清晰地查看过程及其组成关系,通过树状结构显示的建模结果体现了任务或活动间的父子隶属关系,以表格的方式记录过程元素间的先后序列关系;结构矩阵与分解矩阵以数字化表达方式便于计算机的自动化处理。通过过程定义并结合多种过程表达方式,最终形成一个综合制造资源、产品数据、约束规则、企业知识等的多维立体模型,成为过程分析、过程仿真、过程优化、过程重组、过程评价与评估以及过程管理的基础。

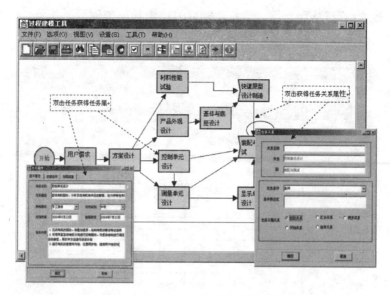

图5-3 可视化任务流程建模视图

2) 过程分析和过程优化。过程优化和过程分析包括对已创建工作流程图的校验和对流程过程的辅助决策流程。工作流程的校验分为两方面内容：一是基本语法的正确性校验，二是流程结构校验。语法校验的目的是保证流程图符合基本定义，流程建模操作遵循基本语法规则，拒绝执行错误操作并给出提示信息[32]。流程结构校验是根据第三章、第四章所述的原则和方法对流程结构的合理性、时序上的有效性以及过程中的循环次数和冲突等进行合理化检验。辅助决策过程是指为流程实现所做的相关决策和分析，例如：制造资源的配置过程决策、资源成本核算、资源负载计算、产品开发成本预估和预算等。

过程描述、过程设计与过程优化，始终遵循着"纵向分段、横向分块；自顶向下分析，自底向上修改"的问题求解策略，并充分采用模拟优化技术，如分布式模拟和综合模拟技术，最大限度地利用网络资源，提高模拟效率，降低模拟时间。同时考虑进程迁移、动态负载平

衡等的约束,从而支持大型复杂模型的建模和模拟问题。图 5 - 4 示
意了任务过程建模中关于流程分析的一个中间结果显示。

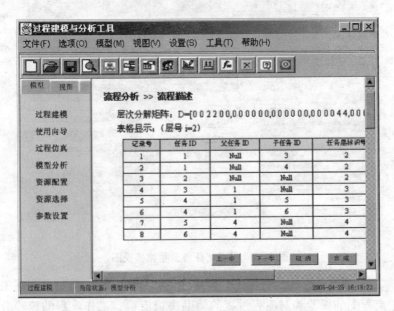

图 5‑4　任务建模过程中关于流程的分析

5.3.2　过程仿真工具

过程仿真工具采用事件触发机制,支持对过程模型的动画模拟,
通过单步跟踪和断点设置,辅助管理人员了解过程的动态特性并提
交动态模拟报告,定量分析过程中的动态信息,支持对多种规划结
果、方案和过程模型的快速分析和评估;通过对开发过程的动态模
拟,发现产品研制周期中存在的“瓶颈”问题,定量的给出分析结果,
例如:按照时间轴描述产品全生命周期的资源、资金投入情况等,帮
助管理人员发现过程管理中的薄弱环节,指导对过程模型的修改和
优化。

1. 基于过程仿真对过程规划中的问题进行识别与诊断的策略

研究[43]

产品开发过程中问题的存在是固有的现象,对于大型、复杂和创新性强的工程系统,由于经验知识的缺乏、对目标对象认识的不完整性以及利益关联的原因,对所有工程对象问题的准确定位是非常困难的。但工程实践告诉我们,采用正确的方法,对大多数工程过程中出现的问题进行确切定位是可能的。图 5-5 示意了在数据库技术支持下,应用过程仿真工具对工程过程中问题的识别与诊断的过程原理。

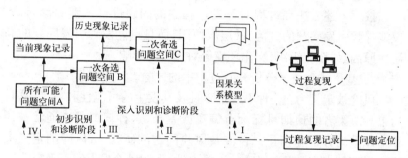

图 5-5 工程过程中问题识别与诊断过程原理示意

如图 5-5 所示,工程过程识别与诊断过程分为两个阶段:初步识别与诊断和深入识别与诊断。在第一阶段中,首先根据当前出现的问题现象和特征从可能问题空间 A 中寻找并形成一次备选问题空间 B。根据类别,所有可能问题空间 A 记录了一个企业或组织解决问题的成功案例、经验和知识。根据当前开发过程中出现的问题特征,通过一次遴选形成一次问题备选空间 B,B 的主题与当前问题现象特征相符合,从而缩小问题求解领域范围。其次,把当前现象与历史现象记录相比较,形成决策依据,从一次备选空间 B 中寻找二次备选空间 C,显然 $C \subseteq B \subseteq A$。初步问题识别与诊断是一个由粗到细、自顶向下的求解过程,目的是逐步缩小待识别问题的范围。

在深入识别和诊断阶段,首先根据二次备选空间 $C = \{c_1, c_2, \cdots, c_n\}$ 中的元素 c_i 分别建立相应的故障树模型 $m_i, m_i \in M, M$

为故障树模型集合。其次,根据故障模型建立相应的问题过程复现
手段,包括:逻辑分析、解析分析、数字仿真、模拟仿真或者实物实验。
第三,设置过程复现手段的起始状态与当前现象发生尽可能相近或
相同的起始状态,通过过程运行或操作,如果其中一种手段产生的过
程复现记录与当前现象相同或相似,则据此生成相应问题定位报告。
否则,由内到外循环重复上述过程,图中Ⅰ→Ⅱ→Ⅲ→Ⅳ所示,直至
扩大至所有问题空间 A 的元素为止,在每一个循环中,都重复相应循
环内的过程。

按照上述方法和过程对开发过程中的问题进行识别和诊断,不
仅能寻找引发问题的直接、低层次原因,而且也能发现引发问题的高
层次原因,如企业组织、文化环境等对过程的影响。

2. 基于仿真技术分析开发过程中的风险[155][156][157]

风险被定义为:一种不确定事件及其发生的可能性和后果,这种
后果与决策者的预期目标会有偏离或差异,这种偏离程度通常被用
作对风险的分析和衡量。在涉及风险问题的研究中,风险的定义突
出两方面的内容:强调风险的不确定性,强调风险损失的不确定性。

通过对宏观与微观规划过程的仿真和分析,寻找和工程过程有
关的所有风险因素,按其发生规律和特点进行分类,并根据其对产品
开发过程实施的影响大小进行取舍。开发项目的选择是风险分析的
首要问题,在一定意义上,主要是对人、技术和市场等组合在一起的
资源的选择。通过对项目资源状况的仿真,分析人力资源在项目常
规运行过程中应该发挥的积极作用;其次是对项目市场因素的仿真
分析,考察项目市场风险因素包括项目所处产业的成长性和发展前
景、产品的市场需求、市场的扩展速度、市场渗透率和占有率以及与
产业内现存竞争对手、产业新进入的竞争者和抢先占领市场的替代
品生产者进行市场竞争的能力等;其三是项目技术状况的风险分析,
风险投资的本质决定了进行风险投资必然选择具有高、新特性的科
技项目,在一定时期内具有垄断地位、难以模仿和复制的项目,具体
指标包括是否有超前意识和突破性,需要克服多少困难才能使技术

设想成为现实产品,产品开发周期长短如何,产品需要多少支持研究开发的资源,产品是否依赖于其他厂家,技术寿命是否足够,短期内被替代和淘汰的可能性如何等。第四是对项目协同过程和开发过程的仿真,预期产品开发过程的薄弱环节和可能出现的问题,分析可能的影响因素,指导规划过程的优化,并在项目实施过程中引起管理人员和开发人员的重视。

3. 评价过程规划的结果并预期开发过程的运动轨迹[62]

为了评价产品开发过程规划的结果,预测工程过程运动和发展状态,首先定义产品工程值的概念:自工程启动到某个工程时间累积完成的有效工作量相对整个工程的工作量之比为工程产品工程值,简称产品工程值 $v,v\in[0,1]$。产品工程值与相应的工程时间 t、工程费用 c 组成一个三维空间 $G(v,t,c)$,G 被称为工程系统状态空间,工程系统在三维空间 G 内的运动轨迹即为工程过程运动轨迹。进一步引伸出另外两个定义:理论轨迹和预期轨迹。理论轨迹是指在限定周期和限定成本范围内达到最大产品工程值的运动轨迹;预期轨迹是指由于工程过程受到外部环境和系统内部两个方面的干扰以及系统过程设计和管理上的缺陷等因素的存在,导致实际过程可能产生的运动轨迹。理论轨迹和预期轨迹的比较存在两种可能:一种是在限定周期和成本范围内预期轨迹达到和接近最大产品工程值的轨迹,并能够被接受,成为可接受的或成功工程轨迹;反之,则远离最大产品工程值的轨迹,并不能够被接受,成为失败工程系统轨迹。通过过程仿真获得工程时间和工程成本约束下的理论运动轨迹与预期运动轨迹如图 5-6 中所示。

图 5-6 中,空心圆点虚线代表理想情况下的工程轨迹,实心圆点实线代表预期工程过程轨迹,空心圆点和实心圆点分别代表了工程实施过程中里程碑阶段结束的时间节点。从以下几个方面正确认识图 5-6 包涵内容:

1) 工程时间和工程成本是构成工程状态空间的两个重要因素,在实际工程管理和实施过程中,影响工程状态空间的因素还有多个,

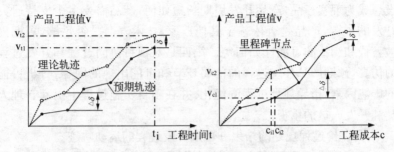

图 5 - 6　理论轨迹和预期工程轨迹示意

如合作过程中的满意度、和谐度等,本文对这一问题原理的说明是以时间和成本两个要素为例进行叙述的。

2) 理论轨迹是工程过程实现的理想曲线,是时间和成本约束下,产品质量(合格产品)预期目标的极大化,图中所示 $\delta \to 0$ 的情况,但工程实践中这种情况很难实现。

3) 理论轨迹和预期轨迹曲线中的里程碑节点,是工程阶段评审中时间和成本控制的关键审核环节。

4) δ 在图中表征了产品工程值偏差的大小,在限定工程周期或限定开发成本的前提下,它成为预期工程过程是可接受成功轨迹和不可接受失败轨迹的判别依据。

5) 为了实现产品开发过程按阶段的有效控制,同时也为协作组织提供一定的自由活动空间,对过程的控制往往在每个里程碑节点处,比较理论轨迹与预期轨迹中产品工程值的差异 $\Delta\delta$,当 $\max(\Delta\delta)$ 小于预先给定可以接受的 δ_{max} 时,表明过程规划的结果是可以接受的。

理论轨迹是在忽略工程过程内外部干扰因素、并假定存在一个有效和高效过程管理系统的条件下开发过程在状态空间的运动路线,它是过程设计、过程管理驾驭工程运动的依据,是规划产品开发宏观和微观过程两个阶段所追求的最高目标和努力的方向。

5.3.3　过程管理工具

过程管理是过程规划结果的延续,NCPDP 对过程管理工具的设计包括基于 Teamcenter Project 的项目过程管理和基于 Teamcenter Enterprise 的产品数据管理。项目过程管理承接了宏观过程规划的结果,以计划的形式反映任务过程;产品数据管理把经过微观过程中设计的活动过程以工作流的形式在 PDM 系统中进行管理和运行,为产品数据的最终形成提供支持。

1. 基于 Teamcenter Project 的项目过程管理

项目过程管理工具支持支持跨学科团队在实时的网络环境中创建并共享项目信息,通过协同环境,分散在全球的用户能够同步浏览并彼此交流处于不断更新中的项目信息,包括项目进度计划信息、协同记事本以及协同文档夹中的相关信息以及项目文件;并与过程优化和分析工具相结合,实现任务过程、活动过程的分析与设计;支持建立项目协同工作区,为项目成员提供了同步浏览和同步编辑项目信息的能力。基于 Teamcenter Project 的项目过程管理工具采用独特的 Web 架构,避免了"user lockout",支持业界最高效的纯 Web 协作功能。

项目过程管理工具支持将复杂的项目细化为明确的任务计划,并携带了任务实现所依赖的资源信息,管理每个资源所承受的工作负荷。对具体的任务报告,给出与之相关的各种信息,如常规信息(任务名称、类型、约束关系、时间、优先级、任务状态等)、附加信息、资源信息、成本、安全性等,如图 5-7 所示。

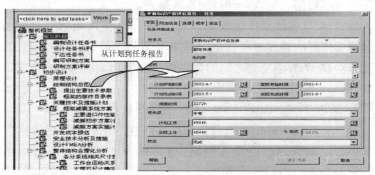

图 5-7　任务计划以及关于任务的报告

基于 Teamcenter Project 的项目过程管理提供的功能主要包括以下几点：

1）开发过程进度支持。包括过程计划、过程维护和进度监控。开发成员能够实时地、交互地访问项目计划，协同工作区为项目进度管理提供了强大的功能，支持无限层次的任务分解、项目基准建立、时间表管理以及任务约束的定义。

2）资源管理。利用协同工作区的组织细化和资源管理功能，支持资源的规划和管理。授权成员定义相关的工作任务、相关费用、执行每项任务所需的资源以及资源所具备的能力。

3）成本管理。将资源和资源能力同费用计算率关联，提供详细和整体的项目费用情况，包括项目估算费用及附加费用。提供工时卡报表功能，允许项目成员提交项目工时卡，在线进行管理和评估。

4）过程协同。团队成员在协同工作区中建立并发布各类项目信息。通过协同文档夹，成员可以组织那些需要和其他成员共享的项目信息。协同笔记簿和线上讨论功能支持成员合作建立新的文档，实时获取/交换意见、记录评论和链接文档。

5）项目跟踪与汇报。为主管和经理提供项目跟踪和汇总报告功能，主管能够获得所有项目的总体状态更新情况，并以事件通知或邮件形式进行详细汇报。视图报表生成器和报表模板能够依据协同工作区内的项目信息生成跨项目的管理报表。

6）个人与项目工作区安全。TeamCenter 使用角色安全机制帮助协同工作区的管理者便捷地定义单个团队成员的访问权限。为确保服务器和 Web 浏览器之间的数据传递安全，TeamCenter 采用工业标准 Secure Sockets Layer(SSL)进行加密。

2. 基于 Teamcenter Enterprise 的产品数据管理

Teamcenter Enterprise 被认为是目前业界在协同平台上实现产品全生命周期管理性能最为稳定、功能最为丰富的 Web-Native 架构。它为企业的协同环境提供了一个以产品为中心的框架，将用户信息、工作流程同特定产品研发业务协调一致。通过建立产品结构，将产品信息资源与授权创建、访问和共享他们的用户相关联。

基于 Teamcenter Enterprise 的产品数据管理将企业的供应商、业务伙伴和企业信任的客户,以及企业自身的市场、制造商、支持机构,快速组合成为包含产品概念设计工程师和工程专家在内的协同工作环境。使企业价值链中所有核心成员在协同的工作环境中能够针对产品不同环节提出创新方案、表达各自的意见并积极地参与到自动化的业务流程中。支持广义企业(由分散的用户和异构应用系统构成)在产品生命周期的各个阶段高效地运行。

Teamcenter Enterprise 工作在一个纯 Web 的协同平台之上。协同平台的作用是解锁分散的产品信息,用一个可控的信息仓库管理这些信息,并将它们转变为面向产品的形式。它利用企业业务规则和角色的定义,通过面向工作的集中视图为企业价值链中的知识用户提供所需的产品信息。

基于 Teamcenter Enterprise 的产品数据管理工具提供了以下基本功能:

1) 允许供应商和业务伙伴捕捉单一数据源中共享的产品信息,这些信息能够被所有参与产品开发的授权团队成员所访问。

2) 将彼此割裂的信息整合为有意义的产品知识,并在以产品为中心的业务环境中展现出来。

3) 用户通过浏览器方便地访问不断积累的产品知识。不论何时何地,浏览器都能将"正确"的产品信息传递给所需用户。

4) 为价值链中个别的供应商或业务伙伴分配特定的工作任务。

5) 使价值链上的所有成员了解自己所担负的责任、具体的产品交付指标以及产品整体交付指标对过程的影响。

6) 支持授权用户参与自动化工作流程,这些流程体现了企业的信息流、业务规则以及分配给每个用户的角色和职责。

7) 当相关的产品事件发生或出现设计更改时,通知需要得知这一信息的相关用户。

8) 支持复杂的业务流程控制。基于 Teamcenter Enterprise 的产品数据管理不仅可以控制简单的审批流程,而且可以定义和控制各种复杂的业务流程,通过并行过程、分解过程对企业业务流程进行优化,包括:支持并行过程定义、对流程的自动筛选以及流程的实时图形化、过程历史监控、过程批注历史等。

3. 过程管理中的过程监控与信息共享

项目过程管理完整的呈现了样机产品开发的任务内容及其过程,从项目过程计划、资源管理、业务协同与约束、计划过程的跟踪与报告、基于角色的数据安全等多个方面为企业提供了一个完整的任务过程管理和协同的平台。Teamcenter Enterprise 中的工作流引擎,在流程规则的限制和约束下通过任务驱动活动过程进行产品数据实现,通过工作签审后的任务属性被反馈到任务计划中,触发任务完成状态的改变。计划过程与活动过程的集成,为任务过程监测与信息共享提供了丰富的数据来源。

为了实现开发活动在工作过程中的自动流畅运动,以及网络数据存储、使用与共享的安全性和可靠性,通过建立相应的组织机构和角色划分控制用户权限,按区域和数据性质不同,采用集中与分布相结合的方式对数据进行存储和使用。在这个过程中,组织机构的建立与用户角色的指定是在 Teamcenter Project 中实现的,拥有对计划内容的浏览、修改、增加或删除的权力;在任务实现的微观过程中,用户角色作为任务属性被映射至 PDM 系统中,通过对角色权限规则的建立,使用户对产品数据具有不同的操作权限,面向企业完整业务流程的 Portal 提供了统一的用户身份验证和访问控制权限列表,保证了整个开发过程中数据的安全。

项目管理系统中设定用户角色,产品开发成员扮演某种角色,不同角色拥有不同的用户权限,PDM 系统中通过添加规则赋予角色一定的权限。这种基于角色分配机制的用户权限管理,角色权限分为两种:操作权限和控制权限。操作权限是指对设备、应用程序等对象的执行权限;控制权限是角色之间的访问控制策略,根据用户所属 Team 的不同,又分为 Team 内和 Team 间的控制权限。访问控制权限可使用"权限矩阵"(AM)表示[158],在一个 Team 内部,可拥有的权限如:读取、更新、删除等,而 Team 间的权限一般只可能是读取对象的权限,不能对其进行修改和删除等操作。

为了保证数据访问的安全性,PDM 系统提供如下数据访问和安全机制:① 系统加锁:系统阻止两个用户在同一时间对同一数据作修改;② 检出:允许一个用户阻止其他用户对产品数据集作修改或删除操作,直到它被检入;③ 存取控制:存取控制机制允许用户对一个实体对象进行存取控制;④ 传递:Team 成员将产品或过程数据项传递至特定目的地或某个活动工作区,在数据项传递时,相应的消息会通知给活动执行者;⑤ 拷贝:Team 成员从数据库中获得数据项,但该数据项和数据库中的原始项不再存在任何关系;⑥ 参考:Team 成员从工作组数据库中获得的数据项用于其个人工作区,该数据项只能用作参考,不能被修改。PDM 系统中的数据操作过程与权限设置如图 5-8 所示。

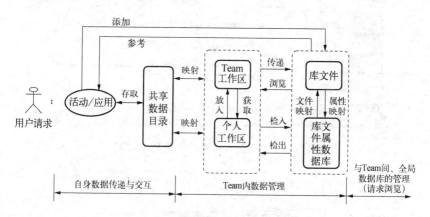

图 5-8 数据操作过程与权限示意

任务过程监控反映计划内容和活动相结合的结果,包括:任务名称、类型、上下关联任务、所属子系统、任务开始日期、结束日期、任务完成状态、与任务对应的活动信息、人员信息、相关资料、文档说明等信息。基于 Web 的过程监控支持从数据文档到任务计划的双向链接,根据用户权限不同,过程监控的结果提供两方面的用途:一是项目管理人员通过获取任务状态以及与任务实现相关的信息进行相应任务计划内容、进度、资源、任务优先度等的调整和修改;二是开发人员根据过程进度大纲,浏览给定权限范围内的任务状态与相关文档信息,并通过链接进行相关信息的进一步浏览、下载和共享使用,这种共享的信息类型包括:语音、文字、视频、图像等多种方式。任务过程监控结果的 Web 显示如图 5-9 所示。

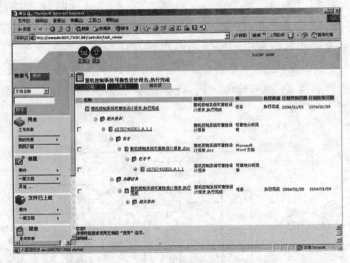

图 5-9 任务过程监控结果的 Web 现实

5.3.4 面向过程规划技术的过程控制策略研究

5.3.4.1 过程控制中的核心研究内容

面向复杂产品开发的过程控制技术研究的核心对象是过程和任务。

● 关于过程的描述

过程是一个相对独立而完整的工作流程,由一系列任务组成,任务下面还可以包含子任务,构成嵌套的任务层次关系。过程本质上也属于任务,在整个任务层次中是一个根节点,即根任务。与一般任务不同的是,过程相对比较完整,对应于企业中某个完整的业务过程,比如发放过程、更改过程等。将过程独立出来单独建立一个对象类,便于将其作为一个独立的对象来进行宏观上的控制。

产品开发过程控制所包含的要素分为动态和静态两类:动态部分包括灵活易变的要素,静态部分包括稳定不变的要素。过程相当于一个定制工作流程的模板,通过它来定义过程管理中相对稳定不变的要素,比如针对关键产品和普通产品的发放过程创建相应不同的过程。一般用户作为某一项具体的产品数据对象发放过程的发起者,他可以选择所需要的过程模板,创建一个称为"工作"的实例化对象,基于该"工作"对象,进行针对某个具体的数据对象进行业务流程的控制。基于同一个过程模板,可以创建多个工作的实例。不同的实例化"工作"对象体现过程管理中灵活易变的部分。

● 关于任务的描述

任务是进行过程控制考察的原子单位,实现任务的活动又称为任务操作,活动的进行引起任务状态的变迁,并且活动进行必须依赖一定的资源,受相应规则的约束和控制。一个任务中的操作可以是简单的一项,也可以是由一系列子操作所构成的一个复杂的操作。多个任务操作如同任务模块上的多个插槽,通过将行动句柄与插槽相连接,实现任务的具体活动。

任务实现过程中的控制可映射为企业规则,是任务发生的一系列约束条件,只有在满足约束条件的基础上,才能进行相应的操作,任务控制要素通过规则句柄来实施。规则反映企业的业务制度、事务之间的相互联系和影响,并在一定程度上体现相关行业标准;从另一个角度看,通过满足一定规则的活动的进行,企业工作流管理的规章制度和行业的标准规范得到了贯彻实现。

产品数据信息作为接受操作的对象,是任务活动的受动者,对应任务的输入与输出,采用任务附件来实现。与任务实现密切相关的资源包括:信息依据资源和人力资源。信息依据资源是进行操作活动的产品数据依据,数据依据信息资源融入任务的控制信息中;人力资源是任务操作的使动者,对应担任某种角色的用户。

5.3.4.2 以过程链为核心的运作模式

市场竞争环境下,企业的许多生产系统是在不断变化的环境中运行的,具有许多不确定因素,这些复杂性、动态性和不确定性严重制约着常规控制和调度方法的有效应用,优良的工作流程设计和实现依赖于工作过程的敏捷响应和控制。基于此,本文通过建立基于工作流技术的元产品开发活动控制模型,提出将动态产品开发环境信息、产品开发活动计划有机集成在一起的敏捷化产品开发过程链运作模式[159][160]。

● 任务模型的定义[161]

任务抽象模型的实现机制做如下描述:MP＝{〈控制,规则句柄〉〈活动,行动句柄〉〈输入,附件〉〈输出,附件〉〈人力资源,负责团体〉〈信息资源,附件〉〈状态,任务状态〉},理解如下:

在任务模型对象中,行动句柄和规则句柄作为任务对象的方法,任务状态是任务对象的属性。任务附件与具体产品数据对象相链接,任务对象的附件指针指向任务附件对象列表。任务对象的负责团体指针执行负责团体列表。将行动句柄和规则句柄创建为独立的对象,便于将任务操作进行模块化,以利于行动句柄和规则句柄对象与任务行动的方便链接,便于利用运行参数将行动句柄和规则句柄实现一定程度的参数化调用。

为了进一步提高复杂系统过程的适应性,通过更加精细的微调开关行动句柄和规则句柄实现对工作流程的深层次定制。

任何一个任务,都拥有一系列活动支持。在将行动句柄与任务进行链接时,是针对任务中不同的活动而进行的,一般为每个任务预先定义以下几种活动:指定人员、启动任务、完成任务、跳过任务、挂起任务和执行任务等。任务的活动与任务状态密切相关,可通过考察任务状态属性来监控任务活动。

行动句柄作为任务的活动机制,采取例程的方式实现。在用户对任务进行交互定义时,将一个或多个行动句柄与相应的任务活动进行链接。通过与不同活动阶段挂上不同的行动句柄,指示系统采取一系列的操作来贯彻企业业务规则。在系统功能扩展中,根据企业不同需要,定制不同的行动句柄。当相应的任务被激发后,就可以自动执行预先关联的行动句柄,进行任务处理的具体活动。

与行动句柄相似,规则句柄也与实现任务的活动相连接,同一种任务活动可以挂接多个规则句柄。在进入某个任务状态时,首先自动执行规则句柄,当规则句柄返回"真"值时,执行行动句柄。规则句柄进行检查的常规情况有:自身状态、其他相关任务状态、整个流程状态等。规则句柄可进一步检查发放的产品数据对象是否已设置为只读状态;检查负责团体的权限是否满足要求;所有资源是否可用等状态信息。

- 过程控制中的元过程模型定义[162]

工作流从本质上讲是使多个参与者之间按照某种预定义的规则传递文档、信息或任务的过程,通过对过程中各活动运行的管理和控制,实现预期目标,或促使目标的实现。为此,在产品开发过程控制系统中,需要相应地定义产品开发过程控制结构模型以描述各活动之间的关系、对资源的需求以及相关的约束条件,这是实现产品开发按过程运行的基础。根据工作流管理联盟对过程的定义,将开发过程控制结构模型中与活动有关的属性和对象集成在一起,组成一个完整的对象,称之为元过程(meta-process)。元过程模型以活动(activity)为核心,相关组成元素包括:过程类型(wf-type)、角色(role)、控制数据(control data)、相关资源(relevant resource)、转移条件(transition condition)、功能数据(performance data)等。元过程模型基本对象组如下:

<meta_activity>:: = <wf_type, activity, role, wf_relevant_resource, wf_ctrl_data, transition_conditions, wf_performance_data>

每个对象又由一组参数组成,其中:

wf_type:: =

<process_name, version_no, start_condition, end_condition, ctrl_data, security, ...>

activity:: = <name, type, pre_condition, post_condition>

role$_{::}$ = <name, org_entity>

wf_relevant_resource$_{::}$ = <resource_name, resource_type, location>

wf_ctrl_data$_{::}$ =

<activity_id, status, start_time, end_time, real_start_time, due_data, run_time, progress>

wf_performance_data$_{::}$ =

<activity - id, wip, projected _cost, real _cost, qualified _rate, blackflash_rate>

上述元过程模型的定义和描述,体现了以下特征:

1) 完整地表达了与活动相关的信息。如:该活动运行的前续/后续条件(转移条件)、数据结构、控制参数、性能数据和运行方式等。

2) 准确反映了过程状态。元过程模型中,每个活动都有两个窗口指示器:性能窗口和控制窗口,它将动态产品开发环境信息、产品开发计划、过程链调度有机地集成在一起,并伴随着活动的进行而发生变化,便于计划的控制管理与活动的调度和跟踪管理,从而快速地实现按客户要求进行产品开发计划的整理和改变。

● 以过程链为核心的运作模式

若把整个产品开发过程管理看作一个多级的、串联和并联的复杂调节回路,从控制论的相关原理可知,局部闭环回路具有内部反馈、流程短、输入输出信息少等特点,可以显著提高系统的动态性能,是复杂系统过程稳定运行的重要前提。一个独立的制造过程链,不仅能对来自上级回路的输入值,例如:客户,做出快速反应,还要能迅速排除过程链内部的干扰,使出现的问题得到及时解决,尽可能对整个计划过程不产生连锁反应。在必须与其他过程链进行协调时,也能及早传递信息,提供充裕的时间回旋余地,避免延误整个过程。这种分布式的、具有局部自主管理能力和动态协调能力的过程控制结构,在计算机网络的支持下,可使整个产品开发网络成为一个动态性能良好的过程系统,每个局部回路内的信息反馈快,自我调节能力强,能及时处理可能发生的各种问题,由若干这样局部回路组成的大系统必然稳定,动态性能优越。

建立在过程链基础上的产品开发过程,具体过程如下：首先根据任务要求和任务计划,建立相应的任务实现过程控制,并进行任务环境的先期创建,对实现任务过程涉及到的资源进行干涉检测,并产生使用计划和通知;随着过程链的运行,实现按过程的控制策略,设计中的每一步都根据所处环境进行安排,由性能窗口和控制窗口实时反映过程状态与目标的偏离程度,并进行自我调节,以有效、快速地解决组织、技术和环境对过程的影响和干扰,实现敏捷化组织开发过程。由于是按照计划组织开发过程,约束和规则可快速地反馈到过程链的相应环节上,实时调整计划和过程,并按需求实现分阶段、分层次的目标控制。

5.3.4.3　过程控制技术实现策略研究

为了实现敏捷化的产品开发过程跟踪与控制,将客户/项目按照元模型的定义封装成一个活动 Agent,将动态产品开发环境信息、产品开发计划、过程链调度等有机地集成在一起,并伴随着活动的进行而发生变化。这样,既有利于计划的控制管理,也便于活动的调度和跟踪,并能快速地实现按过程需求进行产品开发计划的调整和改变。具体运作过程为：活动 Agent 根据元过程模型的定义进行实例化,创建业务活动事例,进行工作流引擎属性的设置;每个 Agent 根据各活动目标和对资源的消耗情况确定产品开发过程活动链上参与活动的各成员运行权限(包括相互依赖关系以及活动之间的相互协作程度);最后,根据协作对象、当前活动的运行状态和调度策略库中相关的模型与方法进行分析,完成资源的分配和工作流引擎的启动申请。整个过程运行机制如图 5-10 所示。

过程调度基于事件触发,即每当一个活动改变状态,根据产品开发过程元模型确定下一步的活动需求。为了快速地完成任务的分配和执行,以启发式算法理论为基础,决策过程如下[162]：

对下文中的符号做如下说明：A_a 为正在执行的活动集;B_a 为等待活动集;P_a 为暂停活动集;a_{ki} 为实例化过程 K 中的活动 i;pb_{ki} 为实例化过程 K 中活动 i 的计划开始时间,$k=1, 2, \cdots, m$; $i=1, 2, \cdots, n$; pc_{ki} 为实例化过程 K 中活动 i 的计划结束时间;pr_{ki} 为实例化过程 K 中

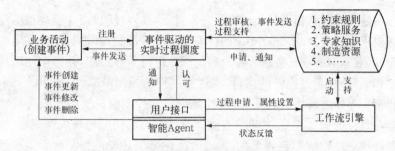

图 5 - 10　产品开发过程跟踪及调度运行机制

活动 i 的实际开始时间；t_c 为当前时间；wt_{ki} 为实例化过程 K 中活动 i 的所需工期；d_{ki} 为实例化过程 K 中活动 i 的交货期，一般情况下，$d_{ki} > pc_{ki}$；r_s 为 s 类资源的熟练，$s=1,\cdots,m$；m 为资源类型个数；β_{ki} 为实例化过程 K 中活动 a_i 的后续活动数目；f_{ki} 为实例化过程 K 中活动 a_i 的运行代价。对资源状态 λr_s 和关键活动状态 γ_{ki} 的取值定义如下：

$$\lambda r_s = \begin{cases} 1 & 资源\ r_s\ 是可用； \\ 0 & 反之。 \end{cases}, \gamma_{ki} = \begin{cases} 1 & 实例化\ K\ 中的活动\ a_{ki}\ 是关键活动； \\ 0 & 反之。 \end{cases}$$

　　为明确区别活动在执行过程中的紧急程度，定义以下各级别，如表 5 - 1 所示。

表 5 - 1　不同紧急程度的分类及其定义

紧急程度	不同等级程度的活动定义
特急（Ⅰ级）	若 $pc_{ki} < t_c$，则开工已延期，此实例化过程 K 中活动 a_{ki} 为特急活动
紧急（Ⅱ级）	若 $t_c + wt_{ki} > d_{ki}$，从理论上一定是延期，此活动 a_{ki} 为紧急活动
中等（Ⅲ级）	若 $pc_{ki} \leqslant t_c + wt_{ki} \leqslant d_{ki}$，该活动有可能按期完成，也许会拖期，此活动为中等紧急活动
正常（Ⅳ级）	若 $t_c \leqslant pb_{ki}$，则实例化过程 K 中活动 a_{ki} 为正常活动

　　设定 α_1、α_2、α_3、α_4 分别代表定义Ⅰ～Ⅳ的优先运行最高权限。在进

行启发式算法中,这里采用如下优先规则进行计划的调整和处理:

规则1:如果活动 a_{ki} 为实例化过程 K 的关键路径上的活动,则应优先运行;

规则2:如果活动 a_{ki} 为相邻的后续活动越多,则 a_{ki} 优先运行级别越高;

规则3:如果活动 a_{ki} 处于实例化过程 K 中非最后一个活动,则 $wt_{ki} \Big/ \sum\limits_{j=i}^{n} wt_{ki}$ 越小活动级别越低。

启发式算法过程如下:

STEP1:进行资源状态配置。从 A_a 集中取出活动 a_{ki},根据实例化模型对活动运行的资源需求,更改相应资源状态 λr_s 和剩余资源量 r_s,直至遍历所有 A_a 中的活动。

STEP2:构造 B_a 集合和 P_a 集合。① 根据实例化产品开发过程模型中的转移条件和活动状态,凡是运行条件均满足并且活动状态为等待的置入 B_a 集中;② 满足实例化产品开发过程模型中的转移条件并且活动状态为暂停的置入 P_a 集中。

STEP3:构造可调度集 K_0 和活动运行队列集 RQ,并设 $K_0 = B_a \bigcup P_a$,$RQ = \varnothing$。

STEP4:从 K_0 中选出所有对资源需求不发生冲突的活动置入 RQ 队列中。

STEP5:从 K_0(此时 K_0 中的活动都存在资源冲突)中选出对资源需求总量满足条件的活动置入 RQ 队列中,并根据资源消耗情况改变资源状态 λr_s 和资源量 r_s。

STEP6:从 K_0 中取一个活动 a_{ki},根据活动定义计算其优先权值 ξ_{ki}:

$$
\xi_{ki} = \begin{cases}
\alpha_1 \left[1 - e^{-(t_c - pc_{ki})/wt_{ki}} \right] & a_{ki} = a_1 \\
\alpha_2 \left[1 - e^{-(t_c + wt_{ki} - d_{ki})/wt_{ki}} \right] & a_{ki} = a_2 \\
\alpha_3 \left[1 - e^{-\max[0,\, (t_c + wt_{ki} - pc_{ki})/wt_{ki},\, (d_{ki} - t_c - wt_{ki})/wt_{ki}]} \right] & a_{ki} = a_3 \\
\alpha_4 e^{-(pb_{ki} - t_c)/wt_{ki}} & a_{ki} = a_4
\end{cases}
$$

$$(5.1)$$

根据规则 1～3 计算活动 a_{ki} 的运行总权限，公式如下：

$$f_{ki} = \beta_{ki} \Big/ \sum_{j=t}^{n} \beta_{kj} + \gamma_{ki}\alpha_5 + wt_{ki} \Big/ \sum_{j=i}^{n} wt_{kj} + \xi_{ki} \qquad (5.2)$$

式中，α_5 为关键路径上活动的运行权限。

STEP7：选择 $\max f_{ki}(i=1, 2, \cdots, n; k=1, 2, \cdots, m)$ 的活动 a_{ki} 置入 RQ 队列中，从 K_0 中删除活动并根据所消耗的资源改变资源状态 λr_s 和资源量 r_s。

STEP8：若 $K_0 = \varnothing$，停止；否则，转 STEP5。

5.4 本章小结

本章通过对支持产品开发过程的 NCPDP 基本架构以及平台实现的主要支撑工具的介绍，阐述了从资源设计、计划创建到活动过程实现的有机集成过程，通过对产品开发过程控制模式、控制机制的分析，使产品开发过程变得有序、可控；通过对产品开发过程中故障问题识别与诊断策略研究，有效规避了产品开发过程中的风险，保证了设计过程的健壮性，促使实际过程轨迹始终围绕着理想轨迹运动。

第 6 章 应用实例与分析

6.1 引言

本章以一个有形产品——高精度激光雕刻机的研发过程与规划为实例,说明基于网络的复杂产品开发实现模式、实现场景。从应用和实践的角度,对前面几章内容做了有益地补充和延伸,共同构成了一副生动、完整的基于过程规划的复杂产品开发过程的画卷。

6.2 过程规划实现与产品开发实例——高精度激光雕刻机用工件台掩模台

综合样机物理组成结构与构成单元行为的相对独立性特征,基于 NCPDP 开展高精度激光雕刻机的开发过程,包括八大子系统:整机框架、环境控制、曝光分系统、工件台掩模台、测试校准、整机软件、整机控制、光刻仿真的设计与开发,实现的功能如图 6-1 所示。

图 6-1 光刻机的八大子系统实现的功能

本节以复杂产品"工件台掩模台"的协同研发过程规划与实现为例,介绍该产品研发过程中的重要场景,该产品具有典型的组成结构复杂、跨学科、多 Team 协同、过程复杂等特点。工件台掩模台在光刻机整机中的位置和尺寸如图 6-2 所示。

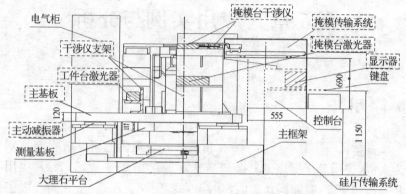

图 6-2　工件台掩模台在整机布局中的位置示意

6.2.1　工件台掩模台的研发需求及其组成结构

　　工件台掩模台是高精度激光雕刻机组成结构中的主要成分之一,是承担光刻工艺中硅片传输与预对准、掩模传输与预对准两大核心功能的载体。工件台掩模台的设计质量和行为性能直接关系到物料准备、对准、调焦调平、曝光等功能,工件台掩模台的物理组成结构如图 6-3 所示,其研发过程涉及的学科门类如:机械、控制、测量、材料、光学等。所需要的仪器设备包括:高精密研磨机、超精密磨床、超精密机床、电子测高仪、加速度计、超声波加工机、标准激励器、温度测量系统、万能测角仪、动态信号分析仪器。工件台掩模台子系统研制中的关键零部件为直线电机导轨、测量方镜、硅片吸盘、气浮轴承等。子系统对工作环境要求苛刻,主要技术指标如:净化试验间:1 000级以上净化,面积 100 平方米;地基振动要求<25 Hz;环境温度:22±0.5℃;冷却水:流量 50 L/min,温度 25℃以下,过滤净化或去离子;气源:过滤(精度 0.01 μm)空气,压力 5 kg/cm², 流量大于100 L/min。

　　完成上述产品研发过程,进行任务的初步分解,包括八项主要任

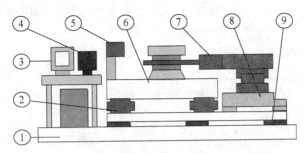

图中标号内容说明
1.洁净房地基
2.减振单元
3.控制显示单元
4.减振单元控制
5.激光干涉测量仪
6.花岗岩工艺台
7.工件台模块
8.工件台驱动模块
9.基体底座

图 6‑3 工件台掩模台组成结构示意

务：调平机构驱动与控制、直线电机驱动及其动静态特性曲线分析、气浮轴承控制性能分析、复杂控制机构高速运动分析及误差补偿软件设计、振动试验与减振方案测试、材料成分及其热力学和力学性能分析、关键零部件加工、装配与合理性验证、整体结构试验与性能测试。阶段性的工作目标包括：

■ 初步设计,绘制结构总图,进行整体结构合理性分析；

■ 详细设计,分析关键技术及措施,准备物料清单,进行开发成本预估；

■ 工作图、工艺设计,零部件图的审核与修订,设计方案、工艺方案的评审；

■ 原型机制造审核；

■ 原型机制造；

■ 整机结构调整与性能测试；

■ 设计方案的改进与再设计；

■ 产品定型,提供完整的设计方案与资料。

6.2.2 工件台掩模台开发过程设计与信息组织中的场景描述

以下内容从不同侧面描述了工件台掩模台开发过程设计与信息组织中的相关场景,为分布式协同产品开发过程表达提供了实时与直观的方法,使所有开发人员能够在一个虚拟操作空间内协同参与产品开发过程,实现信息与资源的整合。

6.2.2.1 基于宏观过程规划的任务流程设计

基于 NCPDP 的任务流程设计负责产品开发流程的宏观过程组织,盟主企业——SMEE 根据光刻机整机系统在结构和功能上的要求,以及对其本身组成结构和行为的理解,创建产品结构树。尽管新产品数据的形成总是遵循产品零部件的设计——子系统——整机的过程,然而在实际设计过程中,特别是在概念设计阶段,人们对样机产品的认识总是从理想中产品的物理组成结构开始。事实上,产品结构树与任务分解结构往往具有很大的相似性。并且,在产品设计的初级阶段,以产品结构树的创建指导和带动粗粒度的任务分解;而在详细设计阶段,这种关系不再存在,代之以通过任务的不断完成,产品结构不断形成,并最终形成产品,这与人们的认识和产品的实际开发过程十分吻合。以工件台掩模台为例的产品结构树和任务分解树的比较,如图 6-4 所示。

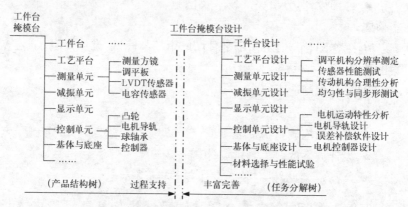

图 6-4 产品结构树与任务分解树的比较(部分)

在粗粒度任务分解的基础上,规划任务流程。SMEE 负责用户需求分析、包括基座、平台、支架等基体部分的机械结构设计、协作管理(如接口定义、时间节点定义、制定协作规则等)、任务分配、里程碑设计评审以及总装与调试；协作企业或组织完成产品外观、测量单元、控制单元、显示单元、减振单元、材料性能试验、产品原型与模具的设计制造等，这些任务在一定程度上允许并行同时在不同 Team 展开。

粗粒度的任务流程设计，通过任务基本属性、约束条件等的设定，明确了任务执行过程中的目标、要求和内容，通过任务之间关系的建立，给出了任务间的相互影响和协作的可能性、必要性及其彼此间的影响与协作空间。

任务流程建模是对任务过程的规划，在时间上反映了产品开发任务的时序依赖性，空间上反映了每个时间段内可能存在的实时或非实时协作关系。建模结果，遵循工作流原理和定义，生成的 WFM 文件携带上述信息，提供给用户使用，并通过相应的接口软件导入 Teamcenter Project 中，最终形成产品开发计划。

6.2.2.2 资源需求信息发布与管理

在任务过程建模和粗粒度的任务分解基础上，实现面向任务过程的制造资源配置，并基于博弈论建立产品开发协作组织。根据第三章所述资源配置与合作伙伴选择原理，最终确定由四家企业、一个研究所基于 NCPDP 组成联盟来实现该产品的开发。在这个过程中，盟主企业对外发布资源需求信息，包括资源需求信息、服务需求信息、设备需求信息以及与之相关的要求、合作方式、使用期限等，如图 6-5 所示。拥有这些资源或服务能力的客户通过 NCPDP 浏览自己感兴趣的产品加工信息或设备、技术服务信息，并可在线对服务过程进行咨询、协商、系统报价，及至最后完成招/投标工作。

双方签订合同后，经授权，NCPDP 提供开放式接口，任何一台 PC 机、集群或局域网都可以向平台提出申请加入平台资源提供方。NCPDP 通过对申请的确认形成资源提供方簇，它以任务为索引，建立以任务过程实现为目标单元的资源域；资源域与平台形成动态松耦合关系，在需要的时候向平台提供资源或服务，从而实现广域环

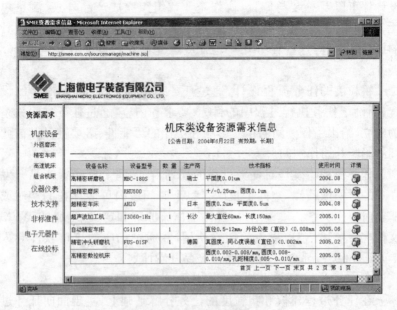

图 6‑5　发布资源需求信息

境下资源与服务的动态集成、管理和使用；NCPDP 通过建立资源信息库并周期性刷新，对系统资源进行统一管理和分配。如图 6‑6 所示。

图 6‑6　NCPDP 对资源信息的管理

NCPDP 中,执行资源封装、管理与使用的部分程序代码如下所示:

■ 初始化环境

```
package sh.smee.info.source.common;
import oracle.jdbc.driver.*;
import javax.ejb.SessionBean;
import javax.ejb.SessionContext;
import javax.naming.InitialContext;
...
public class initManage implements sessionBean{
...
public void initManage(
        Connection conn,
        String sqlStr,Context context)
        throws StringException, ConnException {
        this.conn = conn;
        this.sqlStr = sqlStr;
        systemInit(context);
        initSuccessful = true;
    }
public void systemInit(Context context) throws ConnException {
        new ConnException().connSqlStrException(conn, sqlStr);
        try {
            ...
            Properties   properties   =   ( Properties )   Context.
getEnvironment();
            envrInit(properties);
            taskInit();
            ...
            hasBeenInited = true;
```

```
        } catch (SQLException e) {
            System.err.println("数据库异常" + e.getMessage());
            e.printStackTrace();
        }
    }
...
}
```

■ 资源或服务封装、管理

```
...
public class rscManage entends UnicastRemoteObject{
...
//实现资源服务封装
public void rscEncs(Context context) throws NamingException,
        MalformedURLException, AlreadyBoundException{
        try {
            ...
Properties properties = (Properties) Context.getEnvironment();
            String namingServerURL =
                (String)properties.get("java.naming.provider.url");
            String analysisObject =
                (String)properties.get(ANALYSIS_OBJECT);
            String emluatorObject =
                (String)properties.get(EMLUATOR_OBJECT);
//命名绑定
            context.bind(namingServerURL + analysisObject,this);
            context.bind(namingServerURL + emluatorObject,this);
//封装服务
            encsService(context, analysisObject);
```

```
                encsService(context, emluatorObject);
                ...
        } catch (SQLException e) {
            System.err.println("数据库异常" + e.getMessage());
            e.printStackTrace();
        }
    }
//资源管理过程实现
public void rscMgtRzn(Context context, String[] rscName)
throws NamingException{
        try {
            ...
            Properties properties = (Properties) Context.getEnvironment();
            String namingServerURL =
                (String)properties.get("java.naming.provider.url");
//getting the service resources
            String[] queue = context.lookup(rscName);
//Init the resources
            initRsc(queue,this);
            //Sort the resource
            sortRsc(context, queue);
            optimizeRsc(queue);
            ...
        } catch (SQLException e) {
            System.err.println("数据库异常" + e.getMessage());
            e.printStackTrace();
        }
    }
...
}
```

■ 资源过程调用

```
...
public class rscDisp {
...
public void rscDispRzn(Properties defaultproperties, Context context,
        String[] rscName) throws NamingException{
        ...
//获取服务资源并传递资源句柄
properties = new Properties();
        String servFactoryName =
            (String)properties.get("JMS_FACTORY_FOR_QUEQUE");
        queueConnectionFactory = (QueueConnectionFactory)
            context.lookup(servFactoryName);
        queueConnection =
            queueConnectionFactory.createQueueConnection();
        queueSession = queueConnection.createQueueSession
            (false,Session.AUTO_ACKNOWLEDGE);
        try {
            ...
//实现资源调度过程
        String[] queue = context.lookup(rscName);
        rscConfig(defaultProperties, queue);
        createDispRule(context, queue);
        configBestRscNode(queue);
        saveDispChain();
        ...
    } catch (NamingException namingException) {
        queue = queueSession.createQueue(rscName);
        Context.bind(queueName, queue);
    }
```

```
    }
  ...
  }
```

6.2.2.3 产品开发任务计划的形成与创建

产品开发任务计划的形成和创建是从宏观过程向微观过程转变的重要一步,从前一步分析,它是粗粒度任务过程建模的延续,形成任务目标进一步明确、语义完整、相对独立的长时间协作行为;开发过程的宏观设计和规划,携带了宏观上任务实现约束条件、协作规则等信息,获得产品开发过程在所需要的资源基础、资金与技术以及理论和方法上的支持;并在任务细化过程中,融合了企业与专家知识、国家或行业政策、企业文化。复杂产品开发任务计划的形成与创建,为微观活动过程建模、定义及运行控制提供了具有明确边界条件的操作空间。基于项目过程管理工具创建的一个任务计划过程如图 6-7 所示。

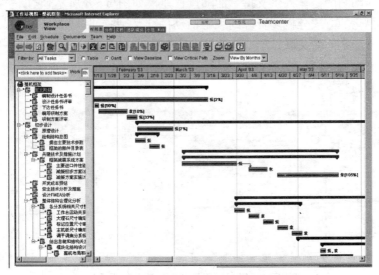

图 6-7　基于 Teamcenter Project 创建的开发计划

在整个产品开发过程链中,工作站视图、时间表、大图、报告、考勤卡和完整的历史记录、交叉项目上滚等功能实时反映了上游过程任务状态;个人视图、工作场所实时反映成员在任务链中所处的位置、负载状况;通过公告、通知、信使、技术备忘录、带有图片演示功能的讨论、共享文档、笔记本实现团队或 Team 成员间的有效协作;通过组、角色和角色权限的设定,建立产品开发组织结构和基于角色的安全机制;通过工作细分结构、对计划过程的下达和同步操作,支持并推动下游过程的不断演化,从而成为联系整个开发过程的枢纽。

6.2.2.4 微观过程规则中的活动过程设计

企业活动约束于产品开发任务或任务过程,在产品开发过程中各功能活动按一定的任务要求顺序展开,活动之间通过一定的语义关联,单个活动的执行主体 USER 在拥有私有信息空间的同时,还需要一个共享的信息空间,为不同活动的多个用户就某个共同任务展开活动间的协作提供支持。活动过程建模如图 6-8 所示,它以一种可视化的方式分析多资源约束下活动的交叉、并行时序关系,以及活动流程之间的关联、IPT(集成产品开发团队)角色之间的协调与信息交流控制,实现产品开发过程灵活、高效的协同控制,促进研发活动过程的整体协调。

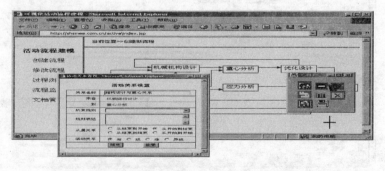

图 6-8 微观过程规划中的活动过程设计

活动过程建模的内容包括：流程的创建、修改、浏览、状态控制，并管理与流程相关的文档和资料。通过创建新的流程，实现从宏观任务过程到微观活动过程的映射，包括任务序列对活动时序的制约、宏观约束条件、约束规则对活动执行过程的影响；帮助分析活动间的序列关系，寻求过程实现的活动路径最优，资源使用的最优，避免或提前预测了活动执行过程的危险与薄弱环节。

建模后的活动流程以一种直观、立体、可视化方式再现和续写了任务计划，并使之具有可执行性和可操作性，能够为工作流引擎识别和管理。流程的修改通过可视化界面，使项目管理人员能够根据产品开发过程和环境的动态变化，在一定的许可范围内进行活动过程、约束关系的动态调整。开发过程的浏览和状态监控，实时地反映了PDM 系统中产品开发活动地执行状态、结果、开发人员活动列表以及协作过程中的触发事件、执行人员、活动通知、消息、协作邀请等。概括地说，活动过程建模，对复杂产品开发活动过程、产品数据的合理、高效、安全和有序流动提供了极大的帮助。

6.2.2.5 产品开发过程中的协作流程与控制

协作活动实例是协作过程实例中的一个工作步骤，是时间的函数。协作活动实例中协作请求方和被请求协作者总是相伴出现的，请求方的协作请求状态包括：请求、等待、应答、确定、退出和完成；被请求者的响应状态包括：应答、等待、核准、接受、拒绝和完成等。协作流程总是在用户、功能活动或规则甚至是随机事务过程在激发某个协作活动后产生的，因此，协作活动序列、驱动条件、协作响应集合成为构成协作流程单元的三个基本要素。

协作流程成为一个协作群体共同解决或完成一个或多个任务目标所历经的工作描述，是产品开发异步过程规划要解决的问题。活动间的协作流程离不开计算机网络和分布式数据库的支持，协作方式形式多样，包括：文字、图像、声音、视频等；有实时的同步协作过程，也有非实时的异步协作过程；有主从式的协作，也有对等式的协作；有 Team 内的协作，也有 Team 间的协作，并且大多数的协作活动都受一定的权限控制[163][164]。以工件台掩模台详细设计过程阶段工件台进出机构的设计过程为例,活动间的协作流程与支持该过程实现的数据库布局如图 6-9 所示。

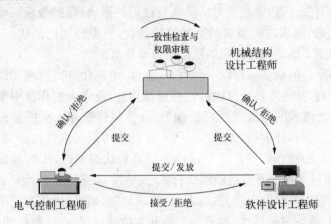

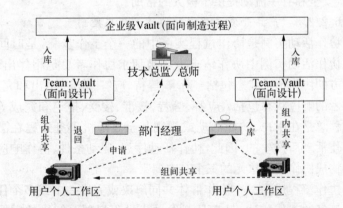

图 6-9　活动间的协作流程[44]与支持协作过程的数据库布局

　　文献[44]中对网络化制造过程中的产品数据类型给予了比较完整和科学的分类,提出基于活动分类的数据分类方法。对应于活动的分类(功能活动、协作活动以及二者合成的元活动)把数据分为三类：功能数据、协作数据、数据访问者本身的数据[165]。功能数据表达了产品实体，包括产品模型、过程计划、装配计划、工程图纸等，功能数据是产品流程中功能活动的输出。协作数据为同步过程中基于邮件、交谈、视频、声音、图像等方式在交互和传输过程中产生和使用的数据。功能数据和协作数据被统称为业务数据，并根据数据与流程结合的紧密程度、交互过程中数据之间关联性的强与弱，业务数据被分为两类：强耦合度业务数据和弱耦合度业务数据。弱耦合度业务数据一般只涉及用户和数据管理系统间的交互，不涉及不同类型用户之间的业务交流，这类信息涉及的业务范围很广。两种数据类型在存储方式上大致相同，但在信息内容构成、组织方式、数据交互、共享、维护等方面存在较大不同之处。合理的数据分类对协作流程的描述、分布式数据库结构设计、数据存取与共享机制的形成具有重要意义。

根据上述数据分类原则和对数据类型的定义，以及工件台掩模台开发过程计划地制定，在工件台进出机构的详细设计过程中，一次协作流程实例涉及三个部门开发人员：机械结构设计工程师（USER‐A）、电气控制工程师（USER‐B）、软件设计工程师（USER‐C），共同解决工件台一个周期的运动问题，这里，机械结构设计工程师作为信息使用者，成为协作流程的发起者，基本过程描述如下：

1）A 的活动过程中出现协作需求，通过核查协作信息列表，发现该协作过程需要 B 与 C 的参与。

2）A 向 B 与 C 发出协作请求，请求通知将出现在 B 与 C 所在部门经理 D 与 E 的任务列表中，尚未激活。

3）D 与 E 接收并核准该协作请求，并确认下发，协作请求到达 B 与 C 的任务列表。

4）在共同的任务目标下，A、B、C 形成临时工组，A 为主持人，B 与 C 为参与人。这种临时的协作关系又包括两种情况，一种是强耦合协作关系，A、B、C 进行协作中的角色重新分配，B 对 C 负责；另一种是弱耦合协作关系，三者分别由多个部门负责，不需要重新分配角色,只是临时缔结信息共享与使用关系。本协作实例属于后者。

5) 启动协作流程,该流程具有相对明确的协作起始时间、协作内容、协作要求以及所遵循的规则等信息。

6) B 与 C 接收任务并给以答复。根据协作要求,B 向 A 提供电气控制过程对机械结构设计的文件或信息支持;C 提供软件实现过程对机械结构设计中的信息支持。在这个过程中,B 与 C 之间由于 A 的请求可能会产生软件设计对控制过程的协作支持。

7) A 在获得 B 与 C 的协作支持下,开始新的流程,在流程中检验协作结果并给予反馈。

8) 得到一致解后,结束协作流程。

在协作过程中,一次共享过程如图 6 - 10 所示。

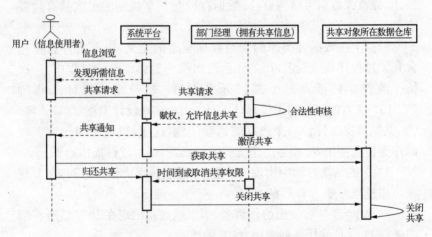

图 6 - 10　协作流程中信息共享过程的示意

无论是协作过程还是共享过程,都离不开数据库的支持。在高精度激光雕刻机产品研发过程中,NCPDP 中数据存储方式主要包括三个层次:个人工作区、工作组数据仓库、企业级数据仓库,分别对应逻辑上的个人工作空间、子系统开发小组数据存储空间以及面向制造的样机数据和文件最终版本存储空间。另外,根据过程需要,还建立了公共工作区和保密数据工作区，分别用于数据共享和特殊保密数据的存储。用户对本工作组区域的数据一般都有浏览和使用的权限，但只允许修改个人数据，每次修改都将产生新的数据版本，并被记录和保留，新的提交过程仍然需要用户所在部门经理的审核。面向设计过程的各子系统数据仓库到企业级数据仓库的数据提交请求，一般在任务里程碑节点由部门经理向总体组/技术总监/总师提出，通过审核后才可以进入，响应的数据更改流程也需要有严格的审批程序，因为面向制造的产品数据，要求数据本身具有相对的稳定性。从图 6-9、图 6-10 中可以看出，跨部门的数据共享，需要由用户向拥有数据的部门经理提出申请，经过授权后才可以使用，并有一定的期限限制。分层的数据仓库管理中，低层次的数据修改必将引起高层次数据仓库中副本数据的一致性更新。

6.3　本章小结

在前面几章所述基本理论、方法和技术的指导和运用下，建立支持复杂产品开发过程、基于网络的协同开发平台，实现产品开发过程的整体化和快速响应目的。

■ 以建立资源环境为核心、面向任务过程的宏观过程规划拓展和丰富了传统的项目管理内容，可视化的任务过程建模直观地描述了任务间的关系，促使产品开发任务计划准确反映产品特征、满足了开发过程特别是协作过程组织需求，保证整个开发过程的流畅并在预期的规划框架内展开。

■ 以活动过程建模为核心的微观过程设计，寻求企业活动并行执行过程路线的最优化，它带动并促进了产品数据形成过程、数据存储方式、协作过程以及资源调度过程的合理和最优。

第7章 总结与展望

7.1 全文总结

现代信息技术与管理技术的发展以及在制造业研究领域中的广泛应用,促使企业间竞争与协作格局并存,使产品数据的形成不再是一个企业内部活动的结果,一个孤立的过程,而是多个企业在多学科领域跨越时间和空间协作的结果,是企业知识、信息和过程高度共享和重用的过程,是现代制造企业提高自身市场竞争力的有效途径之一。

复杂产品系统的设计和制造过程是一项创新性强、风险高、资本投入大的开发过程,复杂产品系统作为大型资本型产品,系统产业产值在国民经济中占有极其重要的地位,反映了一个国家的综合科技水平,是军事、医学、航空、航天、远洋等重大装备产业建立和发展的基础。复杂产品组成结构及其工艺过程复杂、技术含量高,产品研制过程的单件、小批量、周期长、投资高、风险大等特点,以及人们对其研制过程成功所寄予的厚望和期待,它使得项目管理人员和开发人员从对传统设计过程中如何获取产品数据的关注,发展到如何从产品开发全过程意义上获取质量最优、效益最好的产品数据的关注。全文以重大攻关项目"100 nm 分辨率 ArF 准分子激光步进扫描投影光刻机"的研制和"微电子装备业信息化应用集成平台项目"为应用和研究背景,首次从产品开发全过程意义上研究如何规划和管理复杂产品设计过程,提出了从宏观和微观两个阶段研究产品开发过程及其控制中需要解决的问题,深入研究了面向复杂产品开发过程规划中的支撑技术与决策机制,构建了支持复杂产品开发与过程规划技术及功能的网络化集成环境,使开发过程需求与用户需求能快速反映到过程中的相应阶段或环节上,努力寻求并实现整个开发过程的最优解。本文研究的要点在于:

1. 在描述协同环境下复杂产品开发过程及其特点、揭示网络化产品开发过程机理基础上,研究复杂产品开发过程规划基本原理,建立复杂产品开发过程规划研究体系。从产品开发过程模式演变和发展趋势分析入手,分析影响集成化产品开发过程的产品、过程和资源三个关键要素在时间和空间上的相互作用和相互影响,把复杂产品开发过程规划表达为以任务过程建模为核心的宏观过程规划阶段、以活动过程建模为核心的微观过程设计阶段,分析了宏观和微观两个过程阶段的耦合原理。在此基础上,建立复杂产品开发过程模型,围绕该模型展开相关支撑技术、理论和方法研究,综合并全面分析了在过程设计和规划中最优决策问题的类型、特征和决策机制。

2. 突破传统产品开发模式中项目管理技术研究范畴,从建立产品开发所需要的环境、必需满足的条件、遵循的约束和规则出发,规划和设计产品开发的宏观过程。它遵循基于粗粒度任务分解和过程语义网络双向约束的过程设计原则,研究协同开发环境资源与过程的相互约束与激励关系;以经济学原理为基础遵从市场规律、基于博弈论研究企业间竞争与合作的内在动力,它超越追求盟主企业单方受益的传统研究模式,研究多目标相对稳定情况下包括合作伙伴在内的多客户群博弈问题,寻求资源环境建设中双方或多方共赢的均衡解而不是最优解。基于此,伴随着对任务过程的设计,完成以任务过程实现为目标准则的资源配置,而不是以"人"为中心建立协作组织。基于这一思想和理论的指导和规范,对于维持和促进共享资源环境的和谐和健康发展具有重要意义。

3. 与复杂产品协同开发过程分阶段、分层次的特点相适应,依据复杂产品在组成结构、功能、行为上存在耦合度或强或弱的固有属性,提出以"域"为基本单元进行过程设计和规划,包括任务分解、资源建设、风险分析、失效模式分析、过程控制、知识与过程重用、问题识别和故障诊断、数据管理、信息共享等诸多环节和过程中,对于建立灵活、高效、柔性的开发过程及其实现具有积极的意义。

4. 研究约束条件下复杂产品开发微观过程设计方法,提出通过"分层定位约束模型法"分析复杂产品开发过程中的约束类型及其规划方法,采用"序列网络图法"分析了最优活动路线组织方法,给出了基于 Agent 技术的资源优化调度方法。有效弥补了现有软件系统擅长管理既有流程而缺乏对流程进行设计和优化的功能。

5. 完成支持复杂产品开发的网络化平台 NCPDP 的建设。阐述了 NCPDP 构成的四层组织架构,充分运用面向对象技术与 Web 技术相结合进行平台软件实现,高度集成了可视化任务流程建模、项目管理、活动建模、工作流管理、过程监测等软件系统或工具,为协同参与产品开发的组织和个人提供高效的协同工作环境。利用 NCPDP,能够非常方便、实时、直观地查看或获取产品开发过程各个阶段的状态和信息,并能柔性的进行调整或修改。

6. 以高精度激光雕刻机的研发过程为背景,对文中所述的原理和方法进行了应用验证,有效解决了企业部分实际问题,为产品样机研发过程起到了积极的推动作用。

7.2 论文创新点

本篇论文的研究,主要创新点体现在以下几个方面:

1. 深入研究和分析复杂产品开发过程及其阶段特征,创建面向过程规划的复杂产品开发过程模型,基于自组织/被组织理论,提出从宏观和微观两个层面规划产品开发过程的原理和方法,完整地论述了过程规划实现的支撑理论与技术。

2. 突破传统产品开发模式中项目管理技术研究的范畴,研究复杂产品开发中的宏观过程规划技术、原理和方法。基于粗粒度的任务分解原理和过程语义网络约束与支持下的过程设计原则,提出了协调环境下任务分解方法,并进行了任务过程的设计;依据任务分解结果,提出了按"域"为单位进行资源配置的原理和方法;基于博弈理论,建立多方共赢的合作伙伴选择模型。

3. 综合分析了产品开发微观过程中的影响因素和作用机制,提出了"分层定位约束模型法",研究在过程规划中产品开发活动的约束关系及其约束类型;将约束与过程相融合,进一步提出了过程约束条件下活动路径和资源调度的优化方法。

7.3 展望

制造业是一个历史悠久、内涵和外延都十分广阔的应用领域,对产品开发过程的设计和规划,一方面触动了几乎覆盖企业所有部门的功能和行为,另一方面又非常细致和具体的涉及每一个环节。本文并没有对这个庞大的过程系统展开全面的研究,而是集中在几个关键的技术和环节上。

复杂产品数字化开发过程是一门综合的技术和艺术,同时也是一项复杂的系统工程。源于信息领域发展而来的通信技术、网络技术、智能技术、仿真技术、控制技术在复杂产品设计和制造过程中的应用是一个相互融合和渐进的过程。概括地说,还有如下一些内容需要进一步研究:

1. 网络技术的发展,开发人员之间高度的信息与知识共享,使过程流与知识流紧密结合[166][167][168]。在对任务过程和活动过程设计中如何与分布式环境中知识的获取、传播和使用相结合,增强产品开发过程中基于人工智能的决策技术,对于提高开发过程对外界环境的抗干扰能力和主动适应能力具有重要意义。

2. 仿真技术在过程设计中的深入应用,并与阶段性的过程评审技术相结合。产品开发过程设计是对企业中实际生产经营的最优化描述,但流程设计特别是任务流程设计主要还依赖于人们的经验完成,由于复杂产品开发是一项开创性、协作性强的工作,频繁的流程修改对整个开发过程产生较大的影响,很多时候由于对过程评价指

标难以做到准确描述,对过程设计很难准确衡量。从适应人的认知
能力和过程控制需要出发,融入虚拟现实技术,加深人们在产品开发
过程认识上的沉浸感,实现过程仿真并与阶段性的过程设计质量评
价相结合,便于帮助人们获得对事务过程的正确认识。

3. 对产品开发过程的设计,很多情况下基于对过程理想状况的
假设,而在实际执行过程中,对于周期长的过程,需要根据运行状态
预先为过程实例设置一定的实例迁移策略,以保持开发过程的流畅
和柔性适应能力。

4. 面向第三方的过程监理与认证机制研究。当产品开发过程越
来越重视对过程设计和管理的时候,复杂产品特别是亟须于特殊用
途的关键装备的研发过程,在过程设计和过程规划中引入并充分发
挥面向第三方的监督、监理与过程认证机制,对提高产品质量、保证
开发过程的顺利实施具有重要意义。

7.4 本章小结

总结全文主要研究工作和取得的研究成果,指出进一步的研究
方向。基于网络化的复杂产品设计与制造过程是一项复杂的系统工
程,是一个持续的优化过程,大量的理论和技术还需要在实践应用中
不断丰富和完善。

参 考 文 献

[1] 范玉顺,张立晴,刘博. 网络化制造与制造网络. 中国机械工程,2004,15(19):1733～1738

[2] 杨叔子,吴波. 先进制造技术及其发展趋势. 机械工程学报,2003,10:73～74

[3] 黄双喜,范玉顺. 支持协同产品商务的企业集成平台设计. 计算机集成制造系统——CIMS,2003,9:260～264

[4] LEEJ, ALIA, KOC M. E-manufacturing— its elements and Impact[A]. Proceeding of the Annual Institute of Industrial Engineering (IIE) Conference. Dallas，Texas，USA, 2001:21～23

[5] 李健,刘飞. 基于网络的先进制造技术. 中国机械工程,2001, 12(2):154～158

[6] 杨叔子,吴波,胡春华等. 网络化制造与企业集成. 中国机械工程,2000,增刊,Z1:45～48

[7] 程涛,胡春华,吴波等. 分布式网络化制造系统构想. 中国机械工程,1999, 10(11):1234～1238

[8] 范玉顺,刘飞,祈国宁. 网络化制造系统及其应用研究. 机械工业出版社,2003,10:33～36

[9] http://www. ugs. com. cn/products/teamcenter/index. aspx, 2004,12

[10] http://www. ugs. com. cn/upload/products_ug_consumer. pdf,2005, 02

[11] PLM专刊. 2003 年第 2 期. http://www. eds. com/plm, 2003, 11

[12] http://www. ptc. com/china/products/index. htm,2005,03

[13] 熊光楞,范文慧,陈晓波. 复杂产品开发的仿真技术. 系统仿真学报,2004,02:194

[14] 李伯虎,柴旭东,朱文海等. 复杂产品协同制造支撑环境技术的研究. 计算机集成制造系统——CIMS,2003,08:691~692

[15] 范玉顺,李慧芳. 企业集成技术的研究现状与发展趋势. 中国制造也信息化,2003,第 32 卷,第 1 期:59~61

[16] 范玉顺. 网络化制造的内涵与关键技术问题. 计算机集成制造系统——CIMS,2003,07:577~578

[17] Jonghoon Chung, Kunwoo Lee. A framework of collaborative design environment for injection molding. Computers in Industry, 2002, 47:319~337

[18] Oba M, Komoda N. Multiple type workflow model for enterprise application integration. Proceedings of the 34th Annual Hawaii International Conference on System Sciences, 2001:2554~2561

[19] Ian Foster, Carl Kesselman, Steve Tuecke. The anatomy of the grid: Enabling scalable virtual organizations. International Journal of Supercomputer Applications, 2001, 15(13):200~222

[20] 潘善亮. 动态环境下的项目管理模型研究. 计算机工程,2004,08:19~24

[21] Purvis M K, Purvis M A, Lemalu S. An adaptive distributed workflow system framework. In:Proceedings of the Seventh Asia Pacific Software Engineering Conference, IEEE Computer Society Press, Los Alamitos, CA, 2000:311~318

[22] 弋亚群,刘益,李垣. 动态环境下的企业战略环境分析. 西安交通大学学报(社会科学版),2003,03:23~28

[23] George Q. Huang. Web-based support for collaborative product design review. Computers in Industry, 2002, 48: 71~88

[24] 王克明,熊光愣. 复杂产品的协同设计与仿真. 计算机集成制造系统——CIMS,2003,12: 15~19

[25] IEEE Std1516 - 2000, IEEE standard for modeling and simulation(M&S) high level architecture(HLA) framework and rules

[26] 王彭,李伯虎,柴旭东等. 复杂产品虚拟样机协同仿真建模技术研究. 系统仿真学报,2004,02: 274~277

[27] 霍艳芳,齐二石,汪洋等. 基于虚拟组织的复杂产品系统集成开发模式研究. 制造技术与机床,2004,09: 46~49

[28] 米小珍. 复杂产品数字化开发系统分析与过程管理技术研究. 博士论文,大连理工大学,2003 年 7 月

[29] Wilson T. Lundy. Intelligent synthesis environment program [EB/OL]. http://ise. larc. nasa. gov

[30] Don Van Erei. ISE system architecture concept overview [EB/OL]. http://ise. larc. nasa. gov

[31] Godfinger A, Silberberg D. A knowledge-based approach to spacecraft distributed modeling and simulation. Advances in Engineering Software, 2000, 31(8-9): 669~677

[32] 李伟刚. 复杂产品协同开发支撑环境的关键技术研究. 博士论文,西北工业大学,2003,01

[33] Christopher D C, William C R,Ilya B, et al. A collaborative 3D environment for authoring of design semantics. IEEE Computer Graphics and Applications, 2002, 22(3): 43~55

[34] Falconer K J. Fractal geometry: mathematical foundations and applications. Chichester: John Wiley & Sons, 1990: 1~10

[35] W. M. P. van der Alst，A. Kumar. A reference model for team-enabled workflow management systems. Data & Knowledge Engineering，2001，38：335~363

[36] Gregory N. Mentzas. Team coordination in decision support projects. European Journal of Operational Research，1996，89：70~85

[37] Hai Zhuge. A knowledge grid model and platform for global knowledge sharing. Expert Systems with Applications，2002，22：313~320

[38] Malcolm Crowe，Sandy Kydd. Agent and suggestions in a web-based dynamic workflow model. Automation in Construction，2001，10：639~643

[39] Serigio N，Fabio N. A concurrent engineering decision model. Management of the Project Activities Information Flows，Int. J. Production Economics，1998，54：115~127

[40] 李瑜，王昕，黄必清等. 基于多 AGENT 的虚拟企业伙伴选择系统. 计算机工程与应用，2000，08：11~15

[41] 廖守亿，戴金海. 复杂适应系统及基于 Agent 的建模与仿真方法. 系统仿真学报，2004，01：113~115

[42] Marcenac，P. Emergence of behaviors in natural phenomena agent-simulation. In Proceedings of the Third International Conference on Complex System：From Local Interactions to Global Phenomena，Eds. R. Stocker，H. Jelinek，Bohdan Drunota and T. Bossomaier，Albury，Australia，1996：284~289

[43] 孔建寿，张友良，汪惠芬等. 协同开发环境中项目管理与工作流管理的集成. 中国机械工程，2003，07(14)：1122~1125

[44] 倪炎榕. 网络化快速产品开发过程模型及其支撑技术的研究与实现. 博士论文，上海交通大学，2003 年 5 月：13~20

[45] Wil van der Aalst. Loosely coupled inter-organizational workflows: modeling and analyzing workflows crossing organizational boundaries. Information & Management, 2000,37: 67~75

[46] MARTINE M T,FOULETIERK P,PARK H,et al. Virtual enterprise-organization, evolution and control. Production Economics,2001,74: 225~238

[47] 赵勇. 敏捷制造动态联盟盟员的重组优化方法. 中国机械工程,2002,06(13): 970~972

[48] 赵乃岩,范玉顺. 基于产品结构的动态联盟盟员选择算法. 计算机集成制造系统——CIMS,2002,02: 99~104

[49] 王润孝,罗琦,朱名铨. 虚拟企业伙伴选择的建模研究. 机械工程学报,2002,10: 28~30

[50] 高阳,曾小青. 基于多智能体的虚拟企业协作研究. 计算机集成制造系统——CIMS,2003,02: 85~89

[51] SYCARA K, PAOLUCCI M. The RETSINA MAS infrastructure. Carnegie Mellon: Robotics Institute,2001

[52] JENNINGS N R,FARATIN P,et al. Agent-based business process management. International Journal of Cooperative Information Systems,1996,05: 105~130

[53] M Momotko, K Subieta. Dynamic changes in workflow participant assignment. The 6th East-European Conference on Advances in Database and Information System(ADBIS' 2002),Bratislava,Slovakia,2002

[54] 唐任仲,张建娜,汤洪涛. 基于客户需求的业务过程设计技术. 中国机械工程,2003,14(14): 1236~1239

[55] Dan Ziegler, Dennis Markopoulos, Lisa Steffens, et al. Dynamic workflow changes: a metadata approach. Computers Industry Engineering,1998,35(1-2): 125~128

[56] ELZINGA D J, HORAK T, et al. Business process management-survey and methodology. IEEE Transactions on Engineering Management, 1995, 42(2): 119~128

[57] John Krogstie, Csaba Veres, Guttorm Sindre. Interoperability through integrating semantic web technology, web services, and workflow modeling. http://interop-esa05. unige. ch/ INTEROP/Proceedings/Interop-ESAScientific/PerPaper/ I05- 2½20376. pdf

[58] SCHEER A W, NUTTGENS M. ARIS architecture and reference models for business process management. Business Process Management, Berlin, Germany: Springer-Verlag Berlin, 2000, 376~389

[59] 李银胜, 张和明, 童秉枢. VIPD 的集成体系及其关键技术. 计算机集成制造系统——CIMS, 2000, 02: 18~24

[60] 唐达, 杨元生. 基于层次细化 Petri 网的工作流参与者机制与动态特性研究. 计算机研究与发展, 2004, 09: 1545~1553

[61] 王培龙, 刘文元. 基于 Colored Petri 网的工作流建模及应用. 计算机工程, 2004, 09(18): 159~161

[62] 王连成. 工程系统论. 北京: 中国宇航出版社, 2002, 08: 241~242

[63] AALST wan der W M P. Making working flow: on the application of Petri Nets to business process management. Applications and Theory of Petri Nets. Berlin, Germany: Springer-Verlag Berlin, 2002: 1~22

[64] Blandchard F L. Engineering project management. Marcel Dekker Inc. , New York, 1990: 42~46

[65] 王成恩. CIM 系统设计中的关键问题. 工业工程, 2003, 03(3): 38~42

[66] A. W. Court. The relationship between information and

personal knowledge in new product development. International Journal of Information Management，17 (2)，1997

[67] 李洪杰,肖人彬. 基于约束网络的机械产品设计方法原理. 机械工程学报,2004,01：121~126

[68] Goonetillake J S, Camduff T W, Gray W A. An integrity constraint management framework in engineering design. Computers in Industry, 2002, 48(1)：29~44

[69] Liu J M, Jing H, Tang Y Y. Multi-agent oriented constraint satisfaction. Artificial Intelligenct, 2002, 136(1)：101~144

[70] 盛步云. 企业集成化动态制造资源建模. 武汉汽车工业大学学报,2000,22(2)：19~21

[71] 马鹏举,陈剑虹,卢秉恒等. 支持动态联盟的制造资源信息建模. 中国机械工程,2000,11(7)：780~782

[72] Liu Chengying, Wang Xiankui, He Yuchen. Research on Manufacturing Resource Modeling based on the O-O method. Journal of Materials Processing Technology, 2003, 139：40~43

[73] The Replica Location Service：http：//www. globus. org/rls/

[74] MDS Functionality in GT3：
http：//www. globus. org/ogsa/releases/final/docs/info svcs/ MDS. html

[75] UDDIe Specification：
http：//www. wesc. ac. uk/projects/uddie/uddie/specification/ index. htm

[76] PINTO J M,JOLY M,MORO L F. Planning and scheduling models for relinery oprations. Computers and Chemical Engineering,2000,24(9)：2259~2276

[77] 刘艳梅,郑国君,祁国宁. 基于扩展事件驱动过程链(eEPC)的企

业业务过程模型的仿真. 制造业自动化,2004,02(26):18~22

[78] GERO J S. Computational models of innovative and creative design processes. Technological Forecasting and Social Change,2000,64:183~196

[79] 戈鹏,殷国富,高伟. 基于知识的制造资源建模与应用. 中国机械工程,2003,14(17):1478~1481

[80] Brian Lees, Cherif Branki, Iain Aird. A framework for distributed agent-based engineeri design support. Automation in Construction,2001,10:631~637

[81] 杜宗霞,葛声. Web 服务业务流程规范比较研究. 计算机工程与应用,2003,39(7):7~10

[82] O. Lodygensky, G. Fedak, F. Cappello, et al. XtremWeb & Condor:sharing resources between Internet connected Condor pools. The 3rd IEEE/ACM International Symposium on Cluster Computing and the Grid(CCGRID. 03),Tokyo, Japan, 2003:382~390

[83] Todd D S, Sen P. Distributed task scheduling an allocation using genetic algorithms. Computer & Industrial Enginerring, 1999, 37(1):47~50

[84] 郭建飞,乔丽红. 面向产品全生命周期的产品开发过程模型. 计算机集成制造系统——CIMS,2004,01:15~22

[85] BURKETT M, KEMMETER J, O'MARAH K. Product lifecycle management:what is real now? ARM Research, 2002

[86] SMYTH B, KEANA M T. Using adaptation knowledge to retrieve and adapt design cases. Knowledge-Based System, 1996, 02(9):127~135

[87] 曹健,张申生. 并行工程中的产品开发过程规划方法研究. 高技术通讯,2002,04:68~71

［88］ KRISHNA V, EPPINGER S D, WHITNEY D E. A model-based framework to overlap product development activities. Management Science, 1997, 43: 437~451

［89］ 汪峥, 严洪森. 产品并行过程并行度优化. 计算机集成制造系统——CIMS, 2002, 11: 851~857

［90］ 张东民, 廖文和, 罗衍领. 企业产品开发过程建模及重组研究. 系统工程, 2004, 02: 69~73

［91］ 叶志刚, 邹慧君, 胡松等. 基于语义网络的方案设计过程表达与推理. 上海交通大学学报, 2003, 05: 663~667

［92］ 蔡鸿明, 何援军, 刘胡瑶. 基于分层语义网络的设计资源库建模及实现. 计算机集成制造系统——CIMS, 2005, 01: 73~78

［93］ ROSENMAN M, WANG Fujun. A component agent based open CAD system for collaborative design. Automation in Construction, 2001, 4(10): 383~397

［94］ 徐天任, 夏幼明, 甘健等. 用语义网络语言描述知识的表示. 云南师范大学学报, 2004, 05: 9~13

［95］ 吴彤. 自组织方法论论纲. 系统辩证学报, 2001, 04: 4~10

［96］ 孙锐, 王战军. "自组织悖论"与社会组织进化动力辨识. 清华大学学报(哲学社会科学版), 2003, 06(18): 65~70

［97］ 宋光兴, 邹平. 多属性决策的群排序方法研究. 运筹与管理, 2002, 06(3): 27~31

［98］ 周文坤, 吴振业, 刘家诚. 模糊偏好条件下多目标群决策的方法. 西南交通大学学报, 2001, 36(3): 232~234

［99］ MANGINA E E, MCARTHUR S D J, MCDONALD J R, et al. A multi-agent system for monitoring industrial gas turbine start-up sequences. IEEE Transactions on Power Systems, 2001, 06(3): 396~401

［100］ WANG H F. Multi-agent co-ordination for the secondary voltage control in power-system contingencies. IEEE

Proceedings-Generation， Transmission and Distribution，
2001,148(1)：61~66

[101] 夏红,宋建成. 基于多代理技术的间歇生产过程动态调整. 石
油化工自动化,2004,05(34)：34~36

[102] The Replica Location Service：http://www. globus.
org/rls/

[103] MDS Functionality in GT3：
http://www. globus. org/ogsa/releases/final/docs/info
svcs/MDS. html

[104] UDDIe Specification：
http://www. wesc. ac. uk/projects/uddie/uddie/
specification /index. htm

[105] Web Service 工作组,http://www. w3. org/2002/ws/

[106] D. Box,D. Ehnebuske,G. Kakivaya. Simple Object Access
Protocol (SOAP) 1. 1,W3C,Note 8,2000

[107] E. Christensen,F. Curbera,G. Meredith,S. Weerawarana.
Web Services Description Language (WSDL) 1. 1,W3C,
Note 15,2001,http:// www. w3. org/TR/wsdl

[108] UDDI：Universal Description, Discovery and Integration,
http://www. uddi. org

[109] Tom Bellwood. Understanding UDDI， http://www -
900. ibm. com/developerWorks/cn/webservices/ws-
featuddi/index_eng. shtml

[110] http://boraid. com/darticle3/subjectarticle. asp

[111] http://boraid. com/darticle3/list. asp

[112] http://www. zhouyunhai. com/glwz30. htm

[113] http://www. szsure. com/index/qiye/qiye - 008. htm

[114] 方伟翰,哈拉德. 维泽,罗敏. 市场竞争中德企业策略：博弈
分析论. 上海：上海社会科学院出版社,2000

[115] The Competitive Challenge: Strategy and Organization for Industrial Innovation and Renewal, New York: Harper & Row, Ballinger Division,1987

[116] Maria Bengtsson, Soren Kock. Cooperation and competition among horizontal actors in business networks. 6th Workshop on Inter-organizational Research,1996: 23~25

[117] 本杰明,古莫斯-卡瑟尔斯. 竞争的革命——企业战略联盟. 广州: 中山大学出版社,2000

[118] 李荣均. 模糊多准则决策理论与应用. 北京: 北京科学技术出版社,2002

[119] 黄深泽. 群决策理论和方法中若干问题的研究. 硕士学位论文,西南交通大学,2002,03: 22~31

[120] 龙丽. 博弈论在企业竞争中的应用研究. 硕士学位论文,厦门大学,2001,06: 4~10

[121] http://www. happychess. com/blll/bl. htm

[122] 谢识予. 经济博弈论. 上海: 复旦大学出版社,1997

[123] 成中梅,袁晓萍. 从博弈论看价格竞争策略. 经济论坛,2003, 3: 24~25

[124] Khodakaram S, Mike W. Petri net based modeling of workflow systems: An overview. European Journal of Operational Research, 2001,134: 664~676

[125] W M Chow. The workflow system and its applications. Production Planning & Control,1999,10(6): 506~519

[126] Serigio N, Fabio N. A concurrent engineering decision model: management of the project activities information flows. Int. J. Production Economics,1998,54: 115~127

[127] IBM Corp. The web services transaction(WS-Transaction). http://www-106. ibm. com/developerworks/library/ws-transpec/, August, 2002

[128] Kammer P J, Bolcer G A, Taylor R N, et al. Techniques for supporting dynamic and adaptive workflow. Computer Supported Cooperative Work，2000,09(3/4)

[129] Kang S H, Kim N, Kim C-Y, et al. Collaborative design using the word wide web. Technical Report，TR 97 - 02，Iowa Internet Lab. , University of Iowa，1997. http：//www. iil. ecn. uiowa. edu/internetlab/Techrep/tr9702. pdf

[130] Nidamarthi S, Allen R H, Sriram R D. Observations from supplementing the traditional design process via internet-based collaboration tools. International Journal of Computer Integrated Manufacturing，2001,14(1)：95～107

[131] 张智勇,朱庆华,程涛等.分布式网络化制造系统中的工作流管理.制造业自动化,2004,04(23)：5～9

[132] 古莹奎,黄洪钟,吴卫东.基于约束的产品开发微观过程模型.清华大学学报(自然科学版),2003,43(11)：1448～1451

[133] 杨波,黄克正,孙红卫.面向并行工程的任务分配规划.计算机集成制造系统——CIMS,2002,071：542～545

[134] 谢季坚,刘承平.模糊数学方法及其应用.武汉：华中理工大学出版社,2000

[135] 徐志伟,冯百明,李伟.网格计算技术.北京：电子工业出版社,2005,5

[136] Talluri S, Baker R C. A quantitative framework for designing efficient business process alliances. Proceedings of International Conference on Engineering Management. Vancouver：IEEE Engineering Management Society Press，1996：656～661

[137] 冯蔚东,陈剑,赵纯均.基于遗传算法的动态联盟伙伴选择过程及优化模型.清华大学学报(自然科学版),2000,40(10)：120～124

[138] 钱碧波,潘晓弘,程耀东. 敏捷虚拟企业合作伙伴选择评价体系研究. 中国机械工程,2000,11(4): 397~401

[139] Chu X N, Tso S K, ZHANG W J et al. Partnership synthesis for virtual enterprise. Journal of Advanced Manufacturing Technology, 2002,19(5): 384~391

[140] Milhailov L. Fuzzy analytical approach to Partnership selection in formation of virtual enterprise. OMEGA, 2002, 30(5): 393~401

[141] Aurel A Lazar, Nemo Semret. Design and analysis of the progressive secongd price auction for network bandwidth sharing, http://comet. ctr. columbia. edu/~aurel/ papers/ networking_games/telecomsystems. pdf

[142] D F Ferguson, C Nikolaou, J Sairamesh, Y Yemimi. Economic models for allocating resources in computer systems. Market based Control of Distributed Systems, Ed. Scott Clearwater, World Scientific Press, 1996

[143] 曹鸿强,肖侬,卢锡城等. 一种基于市场机制的计算网格资源的分配方法. 计算机研究与发展,2002,39(8): 913~916

[144] 张毅,郭钢,徐宗俊等. 产品设计中多维工程约束的研究. 机械工业师,2000,09: 52~54

[145] 蒋加伏,蒋丽峰,唐贤瑛. 基于免疫遗传算法的多约束 QoS 路由选择算法. 计算机仿真,2004,03(21): 51~54

[146] Luo Wenjian, Cao Xianbin, Wang Xufa. An immune genetic algorithm based on immune regulation. Proceeding of the 2002 Congress on Evolutionary Computation CEC2002. : 801~806

[147] Chen Ming,Cao Shouqi,Chen Yun,Fang Minglun. Research on organization method of development activities for complicated product, 9th International Conference on

Computer Supported Cooperative Work in Design
(CSCW2005)，Coventry，UK，2005，5

[148] 杨培林,陈晓南,王陈春等.并行环境下产品设计活动序列的
研究.西安交通大学学报,2002,07(7)：609－770

[149] 曹守启,陈云,韩彦岭等.复杂产品开发过程中资源优化使用
技术研究.计算机集成制造系统——CIMS,2005,1：26～31

[150] 韩彦岭.面向复杂设备的远程智能诊断技术及其应用研究.
上海大学,2004,10

[151] Lander S E. Issues in multi-agent design systems[J]. IEEE：
Expert Intelligent System&.Their Applications,1997,12(2)：
18～26

[152] Lan Foster,Carl Kesselman,Steven Tuecke. The Anatomy of the
Grid,Intl J. Supercomputer Applications,2001：1～21

[153] Maheswaran，H J Siegel．A dynamic matching and
scheduling algorithmas for heterogeneous computing
systems．In 7th Heterogeneous Computing Workshop
(HCW'98)，1998：57～69

[154] R Mirchandaney，D Towsley，J A Stankovic. Adaptive load
sharing in heterogeneous distributed systems．Journal of
Parallel and Distributed Computing，1997,47(1)：8～22

[155] T M Williams. The two-dimensionality of project risk.
International Journal of Project Management，1996,14(3)：
185～186

[156] Charoenngam C，Yeh C Y. Contractual risk and liability
sharing in hydropower construction．International Project
Management，1999,17(1)：29～37

[157] 谢伟.工程施工中的风险控制和管理.西部探矿工程,2003,
09(88)：193～194

[158] 史美林,向勇,杨光信等.计算机支持的协同工作理论与应

用. 北京：电子工业出版社,2000：270～281

[159] SCH TTENR J. PDM and e-business. Inductile IT，2000，4‐5：16～18

[160] 祁国宁,顾建心,祁连等. 从过程序列、过程链到过程流. 计算机集成制造系统——CIMS,2001,10：13～17

[161] 苟凌怡,靳迎军,魏生民. 产品开发中过程控制的柔性对象建模. 机械科学与技术,2000,09(5)：853～856

[162] 朱云龙,于海斌. 基于工作流的敏捷化生产过程控制技术研究. 中国机械工程,2002,06(13)：509～512

[163] M Momotko, K Subieta. Dynamic changes in workflow participant assignment. The 6th East-European Conference on Advances in Database and Information System(ADBIS' 2002),Bratislava,Slovakia,2002

[164] Dan Ziegler, Dennis Markopoulos, Lisa Steffens, et al. Dynamic workflow changes: a metadata approach. Computers Industry Engineering,1998,35(1‐2)：125～128

[165] Soe-Tsyr Yuan, Ho-Shing Chen. A study on VRM-awareness enterprise websites. Expert Systems with Applications,2002,22：147～162

[166] JENNINGS N R,NORMAN T J,et al. Autonomous agents for business process management. Applied Artificial Intelligence,2000,14(2)：145～189

[167] 苟凌怡,熊光愣,谢金崇. 基于 XML 的产品信息集成关键技术研究. 计算机辅助设计与图形学学报,2002,14(2)：105～110

[168] Hai Zhuge. Knowledge flow management for distributed team software development. Knowledge‐based Systems,2002,15：465～471

图 表 清 单

图 1-1 论文内容结构安排 ················ 24
图 2-1 串行与串并行相结合的开发模式对开发过程的影响 ······ 28
图 2-2 影响复杂产品开发过程的三个要素及其视图描述 ······ 32
图 2-3 协同环境下的复杂产品开发过程 ········· 35
图 2-4 面向过程规划的复杂产品开发过程模型 ······ 36
图 2-5 外部环境与内部动力关系耦合模型 ········ 42
图 2-6 过程语义描述下的任务过程(左)与活动过程(右) ····· 45
图 2-7 宏观与微观两个过程间的耦合关系 ········ 50
图 2-8 Multi-Agent 系统中 Agent 协作方式示意 ······ 60
图 3-1 企业竞争环境中的四个因素(SWOT) ········ 68
图 3-2 产品结构树与任务树间的双向映射 ········ 79
图 3-3 任务分解与合并示意图 ············· 80
图 3-4 任务模型的工作原理 ·············· 83
图 3-5 任务流程平面结构示意图 ············ 86
图 3-6 包含多重任务隶属关系的任务流程结构 ······ 88
图 3-7 制造资源的属性描述 ·············· 95
图 4-1 从任务空间与活动的映射 ············ 105
图 4-2 任务流程与基于 ECA 的规则描述 ········ 106
图 4-3 以产品模型为指导的并行设计微循环 ······· 109
图 4-4 基于约束的活动组织过程模型 ········· 116
图 4-5 温度控制分系统设计过程示意 ········· 117
图 4-6 邻接矩阵 A_3 及其活动序列网络图 N_3 ······· 118
图 4-7 简化后邻接矩阵 A_3' 及其活动序列网络图 N_3' ···· 121
图 4-8 Agent 功能结构及其行为分析 ········· 132
图 4-9 资源管理与使用过程 ············· 135
图 5-1 NCPDP 逻辑组成结构 ············· 137
图 5-2 支持复杂产品设计过程的 NCPDP 集成策略 ····· 140

图 5-3　可视化任务流程建模视图 ·················· 143
图 5-4　任务建模过程中关于流程的分析 ·········· 144
图 5-5　工程过程中问题识别与诊断过程原理示意 ······· 145
图 5-6　理论轨迹和预期工程轨迹示意 ·········· 148
图 5-7　任务计划以及关于任务的报告 ·········· 149
图 5-8　数据操作过程与权限示意 ·················· 153
图 5-9　任务过程监控结果的 Web 现实 ·········· 154
图 5-10　产品开发过程跟踪及调度运行机制 ··········· 160
图 6-1　光刻机的八大子系统实现的功能 ·········· 163
图 6-2　工件台掩模台在整机布局中的位置示意 ······· 164
图 6-3　工件台掩模台组成结构示意 ·············· 165
图 6-4　产品结构树与任务分解树的比较（部分） ······ 166
图 6-5　发布资源需求信息 ·························· 168
图 6-6　NCPDP 对资源信息的管理 ················· 168
图 6-7　基于 Teamcenter Project 创建的开发计划 ······ 173
图 6-8　微观过程规划中的活动过程设计 ·········· 174
图 6-9　活动间的协作流程与支持协作过程的数据库布局 ··· 176
图 6-10　协作流程中信息共享过程的示意 ·········· 178

表 1-1　面向复杂产品开发过程的国内外研究内容 ·········· 9
表 2-1　宏观过程设计内容对微观过程产生的影响 ········· 48
表 2-2　模糊偏好关系及其样本取值定义 ·········· 56
表 3-1　宏观过程规划与管理对象 ················· 64
表 3-2　获取产品的三种途径及其特征 ·········· 74
表 3-3　任务流程平面结构的表格表示方法 ·········· 87
表 3-4　任务流程层次结构的表格表示 ·········· 89
表 4-1　网络节点间活动发生概率 ················· 122
表 4-2　活动序列作用概率及其关键路径与长度示意 ······ 123
表 4-3　$\sqrt{3}$标度方法 ··························· 125
表 4-4　约束因素相对重要性判断矩阵 A ·········· 126
表 4-5　资源结点在约束条件下值的分布 ·········· 130
表 5-1　不同紧急程度的分类及其定义 ·········· 160

博士学习期间公开
发表的论文

第一作者：

[1]　Cao Shouqi, Chen Yun, Han Yanling, Fang Minglun. The research on process of product development under the environment of enterprise alliance, 2004 Flexible Automation and Inteligent Manufacturing （FAIM2004）, Toronto, Canada, 2004, 7

[2]　Cao Shouqi, Chen Yun, Han Yanling, Fang Minglun. Research on resource scheduling for development process of complicated product, 9th International Conference on Computer Supported Cooperative Work in Design (CSCW2005), Coventry, UK, 2005, 5. (EI index)

[3]　曹守启,陈云,方明伦等.基于服务的设备远程检测与故障诊断.机械科学与技术,2004,12：1403-1406.（EI 源刊）

[4]　曹守启,陈云,方明伦等.应用网格技术的远程故障诊断系统研究.计算机集成制造系统——CIMS, 2005，12：11577～11582.（EI 收录,检索号：05108875136）

[5]　曹守启,陈云,方明伦等.复杂产品开发过程中资源优化使用技术研究.计算机集成制造系统——CIMS, 2005，1：26～31.（EI 收录,检索号：05139014572）

[6]　曹守启,陈云,方明伦等.复杂产品开发活动序列分析方法研究.中国机械工程,已录用.（EI 源刊）

[7]　曹守启,陈云,方明伦等.复杂产品开发过程路径优化设计.机械科学与技术,已录用.（EI 源刊）

合著:

[1] Chen Ming, Cao Shouqi, Chen Yun, Fang Minglun. Research on organization method of development activities for complicated product, 9th International Conference on Computer Supported Cooperative Work in Design (CSCW2005), Coventry, UK, 2005, 5. (EI index)

[2] Han Yanling, Chen Yun, Cao Shouqi, Fang Minglun. Remote service and fault diagnosis system based on rough set technology. 2004 World Congress on Intelligent Control and Automation, Hangzhou, 2004, 6. (EI index, AN: 04388368509)

[3] Han Yanling, Chen Yun, Cao Shouqi, Fang Minglun. The diagnostic reasoning based on fuzzy self-organizing neural network and its application. The third International Conference on Machine Learning and Cybernetics, Shanghai, 2004, 8. (EI index, AN: 04458446867)

[4] 韩彦岭,陈云,曹守启等. 基于数据挖掘技术的远程服务与故障诊断. 计算机集成制造系统——CIMS, 2003, 9: 158~162. (EI 源刊)

[5] 韩彦岭,陈云,曹守启等. 基于代理与仿真技术的远程故障论断系统. 系统仿真学报,2004, 16(9): 1961~1965. (EI 源刊)

[6] 韩彦岭,陈云,曹守启等. 面向企业信息化建设的 CAPP 与 PDM 集成技术的研究. 机床与液压,No. 4, 2002: 46~47

[7] 应志雄,陈云,曹守启等. 企业联盟环境下的设备远程服务与故障诊断. 组合机床与自动化加工技术,2005,3: 102~107

[8] 张开涛,陈云,曹守启等. 基于 Web 的远程故障服务系统及其关键技术研究. 计算机工程,2003, 29(10): 117~119

博士学习期间参与完成的
主要科研项目

2002.3～2003.7　　　"大型机电设备远程监控与故障诊断"，上海市
　　　　　　　　　　信息委重点科技攻关项目，项目负责人：陈云
　　　　　　　　　　教授
2003.7～2004.10　　"微电子装备业信息化应用集成平台建设项目"，
　　　　　　　　　　上海市浦东新区科委高新技术重点支持项目，
　　　　　　　　　　项目负责人：贺荣明 总经理

致　　谢

　　本论文是在导师方明伦教授、陈云教授的精心指导下完成的。在论文即将完成之际,首先向两位导师致以衷心的感谢!

　　感谢方老师在我读书期间给予的大量关怀和勉励,方老师渊博的学识、严谨的治学态度、敏锐的学术洞察力、忘我的工作热情和教书育人的高尚品德,必将影响我的一生并使我终生受益。在博士学习期间,无论是思想还是学习,我的每一点成绩,无不孕育着导师辛勤的汗水。值此论文成稿之际,谨向方老师表示崇高的敬意和衷心的感谢!

　　感谢陈云教授的深切关怀和指导。陈老师兢兢业业的工作作风和无微不至的关怀令我毕生难忘。她严谨治学、宽厚待人,从论文选题、课题研究及至论文撰写都得到了陈老师的精心指导,并为我创造了许多优秀的学习和锻炼的机会。值此,向辛勤培育我的陈老师表示崇高的敬意和深深的感谢!

　　感谢 CIMS 中心的李莉敏老师、林财兴老师、俞涛老师、陈德焜老师、李明老师、田中旭老师、米志伟老师、熊峰老师、王庆林老师、阮家莹老师、袁庆丰老师以及其他各位老师在科研工作和学习上提供的指导和帮助!

　　感谢上海微电子装备有限公司贺荣明总经理、同济大学中德工程学院陈明老师对研究项目的支持,并为我提供了优良的科研与工作环境;感谢上海双易企业信息技术有限公司秦璋副总经理、陶融先生,以及 SMEE 的专家和同事、UGS 公司魏云峰博士在课题研究工作中给予的指导和帮助。

　　感谢项目组的闫如忠博士、黄凯、张开涛、贺小辉、应志雄、廖志辉等几位硕士同学。许多科研思想得到大家的支持,许多学术观点都是集体的智慧，由此我深深体会到一个好的团队的巨大力量，永远不能忘记读书期间大家在一起学习、工作和生活中的每一个日日夜夜。

感谢 CIMS 中心的同窗好友：唐文献、李睿、刘丽兰、李春泉、袁逸萍、刘小健、王栋、邹宗峰、吴钢华、王文斌等博士同学，难以忘怀大家一起度过的快乐时光。

感谢我的爱人韩彦岭，生活与学习的道路上，是她给了我极大的支持、关心和帮助。感谢我深爱的母亲和家人，特别是我的哥哥、嫂子在我多年学习中给予的支持和帮助；感谢岳父岳母及其家人对我求学生涯的支持和深切的关怀。

谨以此文，献给所有关心、支持和帮助过我的师长、同学和朋友！

曹守启
2005 年 6 月于上海大学 CIMS 和机器人中心